ABSTRACT ALGEBRA

近世代数基础
JINSHI DAISHU JICHU

张　霞　赵显贵◎主编

中山大学出版社
SUN YAT-SEN UNIVERSITY PRESS
·广州·

图书在版编目（CIP）数据

近世代数基础/张霞，赵显贵主编．—广州：中山大学出版社，2022.4
ISBN978 - 7 - 306 - 07497 - 3

Ⅰ．①近…　Ⅱ．①张…②赵…　Ⅲ．①抽象代数—高等学校—教材
Ⅳ．①O153

中国版本图书馆 CIP 数据核字（2022）第 056104 号

出　版　人：王天琪
策划编辑：曾育林
责任编辑：梁嘉璐
封面设计：曾　斌
责任校对：李海东
责任技编：靳晓虹
出版发行：中山大学出版社
电　　话：编辑部 020 - 84110776，84113349，84111997，84110779，84110283
　　　　　发行部 020 - 84111998，84111981，84111160
地　　址：广州市新港西路 135 号
邮　　编：510275　　　　传　真：020 - 84036565
网　　址：http://www.zsup.com.cn　　E-mail:zdcbs@ mail.sysu.edu.cn
印　刷　者：广州市友盛彩印有限公司
规　　格：787mm×1092mm　　1/16　　8.5 印张　　200 千字
版次印次：2022 年 4 月第 1 版　　2023 年 7 月第 3 次印刷
定　　价：48.00 元

如发现本书因印装质量影响阅读，请与出版社发行部联系调换

序

近世代数（抽象代数）是研究集合和映射（即带运算的集合）的一门课程，它是师范院校和综合性大学数学类本科专业的一门难学难教的重要的专业基础课。近世代数的基本概念、理论和方法是学习和研究数学的基础，其思维方式则是基础教育数学教师和教研人员必备的数学素养之一。

本教材的主要内容包括群、环、域的基本概念和性质。作为代数结构的入门课程，用统一的思想方法将不同代数结构的研究联系起来是十分重要和必要的。得益于两位作者多年来在国内外的代数学研究和教学经验，本书在这方面做了有益的探索。比如，运用同余的观点统一处理商代数（系统）和同态基本定理，并应用于群的正规子群和环的理想，表明研究正规子群和理想的重要性；运用子系统的观点从线性空间的子空间引出子群、子半群、子环和子域等概念。这种处理方式对后续学习和研究代数学有很大的帮助。

本书还对重要概念的引入做了细致的处理。本书一般先介绍概念的历史背景或研究意义，再由具体例子入手，引出新的概念和结论，叙述由浅入深，条理清晰。例如，在第 2 章至第 4 章中，每章开始都有一段文字分别介绍群、环和域研究对象的历史背景和研究意义，然后再结合熟知的实例（大多源于中学数学、初等数论或高等代数等先修课程），引出新的概念。此外，对重要的概念，本书还突出其应用。例如，用群论的观点审视几何图形的对称性；用环的整除理论审视中学数学中多项式的因式分解和求根等内容；第 2 章中"专题：对称与群"讲述如何用群的语言定义和描述生活中常见的对称性质；第 4 章用域论的方法介绍初等几何中用尺规三等分角的不可能性。

陈裕群

2022 年 3 月于广州

目　　录

第1章 集合与映射

1.1 集　　合

我们所研究的事物，称为对象（object），某些对象的集体，就是集合（set）. 这些集合既可以是有限的，也可以是无限的. 后面我们会学习带有更多结构的集合，即带有代数运算的集合，而这一节，我们只谈抽象的集合及如何由已知集合构造新的集合.

我们先看一些例子. 例如：①所有的偶数；②所有的高个子. 我们发现，很难确定一个对象是否属于②，因为我们对"高个子"没有一个明确的界定；但我们可以很明确地判定一个对象是否属于①，并且可以描述出①由所有形如 $2n$（n 是整数）的数构成.

简单地说，集合就是一些具有特定属性的对象的集体，我们通常用大写字母，如 A，B，…表示集合；这些对象称为集合中的元素（element），通常用小写字母表示. 当然，并非所有情况都如此表示，比如集合中的元素也是集合时. 设 A 是一个集合，若 x 是 A 中的元素，则记为 $x \in A$，否则记为 $x \notin A$.

本书中，数指的是复数，数集指的是若干（有限多个或无限多个）复数构成的集合. 可以说，数集是最常见的集合. 下面列出几个常用的集合符号，还有一些约定的集合符号在后面遇到时再逐一介绍.

$\mathbf{N}$ 表示所有的自然数 0，1，2，3，…构成的集合.

$\mathbf{Z}$ 表示所有的整数 0，± 1，± 2，…构成的集合.

$\mathbf{Q}$ 表示所有的有理数构成的集合.

$\mathbf{R}$ 表示所有的实数构成的集合.

$\mathbf{C}$ 表示所有的复数构成的集合.

$\mathbf{N}^*$ 表示所有的非零自然数 1，2，3，…构成的集合；类似地，$\mathbf{Q}^*$、$\mathbf{R}^*$、$\mathbf{C}^*$ 分别表示所有的非零有理数、非零实数、非零复数构成的集合.

$\mathbf{Q}^+$ 和 $\mathbf{R}^+$ 分别表示所有的正有理数和正实数构成的集合.

若集合 A 中含有有限多个元素，则称 A 是一个有限集（finite set），$|A|$ 表示 A 中所含元素的个数；否则称 A 是一个无限集（infinite set）. 若 A 不含任何元素，则称 A 为空集（empty set），也就是说，$x \in A$ 对于任何 x 都不成立.

如果构成两个集合 A 和 B 的元素是一样的，我们就称这两个集合是相等（equal）的，记作 $A = B$. 如果 A 与 B 都是空集，那么一定有 $A = B$. 也就是说，只有一个空集，我们将它记为 $\varnothing$.

定义 1.1.1 设 A，B 是集合. 若 A 中每一个元素都是 B 中的元素，即

$$x \in A \Rightarrow x \in B,$$

则称 A 是 B 的子集（subset），记为 $A \subseteq B$. 此时，我们也称 B 包含 A，记为 $B \supseteq A$.

由定义 1.1.1 可知，A 与 B 相等当且仅当 $A \subseteq B$ 并且 $B \subseteq A$. 另外，$\varnothing$ 是任意集合的子集. 若 $A \subseteq B$，但 $A \neq B$，则称 A 是 B 的真子集（proper subset）记为 $A \subsetneqq B$.

定义 1.1.2 设 A，B 是集合 U 的子集. A 与 B 的并（union）记为 $A \cup B$，定义为

$$A \cup B = \{x \in U \mid x \in A \text{ 或 } x \in B\}.$$

A 与 B 的交（intersection）记为 $A \cap B$，定义为

$$A \cap B = \{x \in U \mid x \in A \text{ 且 } x \in B\}.$$

A 与 B 的差（difference）记为 $A - B$，定义为

$$A - B = \{x \in U \mid x \in A \text{ 且 } x \notin B\}.$$

特别地，$U - A$ 称为 A 在 U 中的补（complement），简称 A 的补，记为 A^c. 若 $A \cap B = \varnothing$，则称 A 与 B 是不交的（disjoint）.

例如，设 $A = \{1, 2, 3\}$，$B = \{3, 4, 5\}$，则 $A \cup B = \{1, 2, 3, 4, 5\}$，$A \cap B = \{3\}$，$A - B = \{1, 2\}$，$B - A = \{4, 5\}$.

集合的并、交、差等运算可以用 Venn 图表示（图 1.1）.

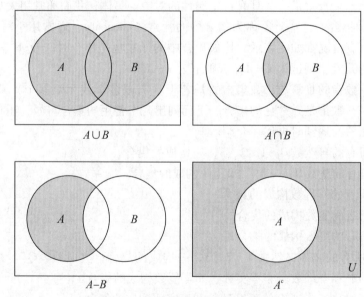

图 1.1　集合运算的 Venn 图表示

定理 1.1.1 设 A，B，C 是集合，则下列命题成立：

(1) $A \cup A = A = A \cap A$；

(2) $A \cup B = B \cup A$，$A \cap B = B \cap A$；

(3) $(A \cup B) \cup C = A \cup (B \cup C)$，$(A \cap B) \cap C = A \cap (B \cap C)$；

(4) $A \cup (B \cap C) = (A \cup B) \cap (A \cup C)$，$A \cap (B \cup C) = (A \cap B) \cup (A \cap C)$；

(5) $A \cup (A \cap B) = A = A \cap (A \cup B)$.

证明：留作练习. □

定理 1.1.2（De Morgan 定律）　设 A，B，X 是集合，则下列命题成立：

(1) $X - (X - A) = X \cap A$；

(2) $X - (A \cup B) = (X - A) \cap (X - B)$；

(3) $X - (A \cap B) = (X - A) \cup (X - B)$.

证明：（1）由于
$$x \in X - (X - A) \Leftrightarrow x \in X \text{ 且 } x \notin (X - A)$$
$$\Leftrightarrow x \in X \cap A,$$
故 $X - (X - A) = X \cap A$.

（2）由于
$$x \in X - (A \cup B) \Leftrightarrow x \in X \text{ 且 } x \notin (A \cup B)$$
$$\Leftrightarrow x \in X \text{ 且 } x \notin A, x \notin B$$
$$\Leftrightarrow x \in X \text{ 且 } x \notin A, \text{ 以及 } x \in X \text{ 且 } x \notin B$$
$$\Leftrightarrow x \in X - A \text{ 且 } x \in X - B$$
$$\Leftrightarrow x \in (X - A) \cap (X - B),$$
故 $X - (A \cup B) = (X - A) \cap (X - B)$.

（3）留作练习. □

两个集合交与并的概念可以推广到有限多个集合的情形. 不妨设 A_1，A_2，$\cdots$，A_n（$n \geqslant 2$）是 U 的子集合，这里我们并不要求 A_1，A_2，$\cdots$，A_n 彼此互不相同，则集合 A_1，A_2，$\cdots$，A_n 的交就是由所有属于每个 A_i（$i = 1$，2，$\cdots$，n）的元素组成的集合，它是 U 的子集合，记为
$$A_1 \cap A_2 \cap \cdots \cap A_n \text{ 或 } \cap_{i=1}^{n} A_i.$$
事实上，
$$\cap_{i=1}^{n} A_i = \{a \in U \mid a \in A_i, \ i = 1, \ 2, \ \cdots, \ n\}.$$

类似地，可以定义 A_1，A_2，$\cdots$，A_n 的并. 例如，考察整数集 $\mathbf{Z}$ 的子集合
$$A_1 = \{-3, -2, -1, 0\}, \ A_2 = \{0, 1, 2, 3\}, \ A_3 = \{-2, 0, 2, 4\},$$
则
$$A_1 \cap A_2 \cap A_3 = \{0\}, \ A_1 \cup A_2 \cup A_3 = \{-3, -2, -1, 0, 1, 2, 3, 4\}.$$

定义 1.1.3　设 X 是一个集合，则 X 的所有子集构成的集合称为 X 的幂集（power set），记为 $P(X)$，即
$$P(X) = \{S \mid S \subseteq X\}.$$

我们已经知道 $\varnothing$ 及 X 本身都是 X 的子集，因此它们都是 $P(X)$ 的元素. 比如，令 $X = \{1, 2\}$，则 X 的所有子集为 $\varnothing$，$\{1\}$，$\{2\}$，X，因此
$$P(X) = \{\varnothing, \{1\}, \{2\}, X\}.$$

定理 1.1.3　设 X 是一个含有 n 个元素的有限集合，则 $|P(X)| = 2^n$.

证明：这里给出证明提示. 在选择 X 的子集合 S 时，X 中的每个元素都有 2 种可能，即要么属于 S，要么不属于 S，因此所有的可能性总数是 $\underbrace{2 \times 2 \times \cdots \times 2}_{n \text{个}}$，也就是

有 2^n 种可能.

最后,我们讨论集合的笛卡尔积. 首先解释一下 n 元组($n \in \mathbf{N}^*$)的概念. 一个 n 元组($a_1, a_2, \cdots, a_n$)是指 n 个对象 $a_1, a_2, \cdots, a_n$ 的一个排列. 读者需要注意,一个 n 元组中各分量的排列是有次序的,如($1, 2, 3$)与($1, 3, 2$)是两个不同的三元组. 事实上,两个 n 元组($a_1, a_2, \cdots, a_n$)和($b_1, b_2, \cdots, b_n$)相等当且仅当对所有的 $i = 1, 2, \cdots, n$,都有 $a_i = b_i$. 因此,我们也称二元组(a, b)为一个序对(ordered pair).

定义 1.1.4 设 A, B 是两个集合. 对于所有序对(a, b),其中 $a \in A, b \in B$,它们构成的集合称为 A 与 B 的笛卡尔积(Cartesian product),记为 $A \times B$,如图 1.2 所示,即

$$A \times B = \{(a, b) \mid a \in A, b \in B\}.$$

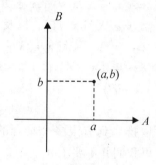

图 1.2 $A \times B$

例如,若 $A = \{1, 2\}$,$B = \{a, b, c\}$,则

$$A \times B = \{(1, a), (1, b), (1, c), (2, a), (2, b), (2, c)\}.$$

术语"笛卡尔"源自几何的笛卡尔坐标. 我们知道,平面上的每一个点都可以用有序实数对(x, y),即该点的笛卡尔坐标表示,从而笛卡尔积 $\mathbf{R} \times \mathbf{R}$ 就是平面上所有点的坐标组成的集合.

注 1.1.1 (1)显然,$\left(1, \dfrac{1}{3}\right) \in \mathbf{Z} \times \mathbf{Q}$,而 $\left(1, \dfrac{1}{3}\right) \notin \mathbf{Q} \times \mathbf{Z}$,因此,$\mathbf{Z} \times \mathbf{Q} \neq \mathbf{Q} \times \mathbf{Z}$. 一般地,$A \times B$ 与 $B \times A$ 是不同的. 事实上,不难证明,当 A, B 是不同的非空集合时,都有 $A \times B \neq B \times A$.

(2)对每个集合 A,都有 $A \times \varnothing = \varnothing \times A = \varnothing$.

(3)笛卡尔积可以推广到 n 个集合的情形. 若 $A_1, A_2, \cdots, A_n$ 是 n 个集合,那么笛卡尔积 $A_1 \times A_2 \times \cdots \times A_n$ 就是由所有 n 元组($a_1, a_2, \cdots, a_n$)组成的集合,其中第 i 个分量来自 A_i,即

$$A_1 \times A_2 \times \cdots \times A_n = \{(a_1, a_2, \cdots, a_n) \mid a_i \in A_i, i = 1, 2, \cdots, n\}.$$

若 $A_1 = A_2 = \cdots = A_n = A$,则记 $\underbrace{A \times A \times \cdots \times A}_{n个}$ 为 A^n.

下面的定理是显而易见的.

定理 1.1.4 设 A, B 是两个有限集合,则 $|A \times B| = |A| \cdot |B|$.

习　题　1.1

1. 证明定理 1.1.1.

2. 证明定理 1.1.2(3).

3. 写出下列集合所含元素个数.

(1) $X_1 = \{n \in \mathbf{Z} \mid 0 < n < 10\}$；

(2) $X_2 = \{-2,\ -1,\ 0,\ 1,\ 2\}$；

(3) $X_3 = \{x^3 - x \mid x \in X_2\}$；

(4) $X_4 = \{S \in P(X_1) \mid |S| = 3\}$；

(5) $X_5 = X_2 \times X_3$；

(6) $X_6 = (X_2 \cup X_3) \cap X_1$；

(7) $X_7 = P(\varnothing)$.

4. 设集合 A 含有 m 个元素，集合 B 含有 n 个元素.

(1) 求 $A \times B$ 所含元素个数；

(2) 如果 $A \cap B = \varnothing$，求 $A \cup B$ 所含元素个数；

(3) 设 $|A \cap B| = k$，$k \in \mathbf{N}$，求 $A \cup B$ 所含元素个数.

5. 设 A，B 是 U 的子集合. 证明：$A \subseteq B$ 当且仅当 $B^c \subseteq A^c$.

6. 设 A_1，A_2，$\cdots$，A_n 是 U 的子集合. 证明：

(1) $\left(\bigcap_{i=1}^n A_i\right)^c = \bigcup_{i=1}^n A_i^c$；

(2) $\left(\bigcup_{i=1}^n A_i\right)^c = \bigcap_{i=1}^n A_i^c$.

7. 下面是 100 个新生的选课统计：60 人选修英语课程，44 人选修物理课程，30 人选修法语课程，15 人选修物理和法语课程，6 人选修了英语和物理课程但没有注册法语课程，24 人选修了英语和法语课程，10 人选修了所有的 3 门课程. 证明：

(1) 共有 54 人只注册了以上 3 门课程中的 1 门课程；

(2) 共有 35 人至少注册了以上 3 门课程中的 2 门课程.

8. 设 A_1，A_2，$\cdots$，A_n 是有限集合. 证明：$|A_1 \times A_2 \times \cdots \times A_n| = |A_1| \cdot |A_2| \cdot \cdots \cdot |A_n|$.

1.2　映　射

集合是我们所要研究的对象，而映射恰恰是在集合之间搭建起来的桥梁.

定义 1.2.1　设 A，B 是两个集合，称 f 是 A 到 B 的一个映射（mapping），如果 $f: A \to B$ 是一个法则，使对任意的 $a \in A$，都存在唯一的 $b \in B$，使之与 a 对应，记作：$f: A \to B$，$a \mapsto b$，或 $f(a) = b$. 称 $f(a)$ 为 a 在 f 下的像（image），称 a 为 b 在 f 下的一个原像（preimage）.

设 $f: A \to B$ 是一个映射，则集合 A 称为映射 f 的定义域（domain）. 若 $A = B$，则映射 f 称为 A 上的变换（transformation）.

我们立即可以得到以下两个典型的映射.

例 1.2.1 （1）设 A 是一个集合，$f: A \to A$ 满足 $f(a) = a$，$\forall a \in A$，则 f 为 A 上的映射，称为 A 上的恒等映射（identity mapping），记为 id_A.

（2）设 A 是集合 X 的非空子集，则 $\iota: A \to X$，$\iota(a) = a$，$\forall a \in A$ 是一个映射，称为集合 A 到 X 的包含映射（inclusion mapping）.

定义 1.2.2 设 $f: A \to B$ 与 $g: C \to D$ 是两个映射. 称 f 是 g 在 A 上的一个限制（restriction），记作 $f = g|_A$，如果 $A \subseteq C$，$B \subseteq D$，并且对任意的 $a \in A$，都有 $f(a) = g(a)$. 称 f 与 g 相等（equal），记作 $f = g$，如果 $A = C$，$B = D$，并且对任意的 $a \in A$，都有 $f(a) = g(a)$.

显然，例 1.2.1 中的 ι 是 id_X 在 A 上的一个限制，即 $\iota = \mathrm{id}_X|_A$.

例 1.2.2 有限集合之间的映射比较直观，比如有两个元素的集合 $A = \{0, 1\}$，A 上共有 4 个不同的变换，如图 1.3 所示.

图 1.3 集合 $\{0,1\}$ 的所有变换

例 1.2.3 设 $\begin{pmatrix} a & b \\ c & d \end{pmatrix}$ 是 $\mathbf{R}$ 上的 2 阶方阵. 定义 $f: \mathbf{R}^2 \to \mathbf{R}^2$ 为

$$f(x, y) = (ax + by, cx + dy),$$

其中，$(x, y) \in \mathbf{R}^2$，则 f 是 $\mathbf{R}^2$ 的线性变换. 事实上，f 是由矩阵的乘法运算

$$\begin{pmatrix} a & b \\ c & d \end{pmatrix}\begin{pmatrix} x \\ y \end{pmatrix} = \begin{pmatrix} ax + by \\ cx + dy \end{pmatrix}$$

确定的.

我们可以计算出有限集合之间不同映射的总数，见例 1.2.4.

例 1.2.4 设 $A = \{1, 2, 3\}$，$B = \{1, 2, 3, 4\}$. 若 f 是 A 到 B 的一个映射，则对任意的 $a \in A$，$f(a)$ 共有 4 种选择方式，从而 A 到 B 共有 64（即 4^3）个不同的映射.

下面介绍几类特殊的映射.

定义 1.2.3 设 $f: A \to B$ 是一个映射.

（1）若

$$f(A) = \{f(a) \mid a \in A\} = B,$$

则称 f 是满射（surjective mapping）；

（2）若

$$\forall a, a' \in A \text{ 且 } a \neq a' \Rightarrow f(a) \neq f(a'),$$

则称 f 是单射（injective mapping）；

（3）既是单射又是满射的映射叫作双射（bijective mapping）.

例如，集合 $A = \{0, 1\}$ 的 4 个变换中，f_1 和 f_4 既不是单射也不是满射，f_2 和 f_3

是双射（例 1.2.2）.

显然，f 是满射当且仅当

$$\forall\, b \in B, \exists\, a \in A,\ \text{使}\ f(a) = b;$$

f 是单射当且仅当

$$\forall\, a,\, a' \in A,\ f(a) = f(a') \Rightarrow a = a'.$$

除此之外，我们也可以用映射的像与核来判定单射和满射. 设 $f: A \to B$ 是一个映射. 记

$$\mathrm{Im}f = f(A),$$

$\mathrm{Im}f$ 称为 f 的像（image）. 记

$$\ker f = \{(a,\, b) \in A \times A\,|\,f(a) = f(b)\},$$

$\ker f$ 称为 f 的核（kernel）.

命题 1.2.1　设 $f: A \to B$ 是一个映射，则下列命题成立：

（1）f 是单射当且仅当 $\ker f = \{(a,\, a)\,|\,a \in A\}$；

（2）f 是满射当且仅当 $\mathrm{Im}f = B$.

证明：（2）是显然的，我们只证明（1）. 设 f 是单射，并且 $f(a) = f(b)$，$a,\, b \in A$. 由单射的定义知 $a = b$，故 $\ker f = \{(a,\, a)\,|\,a \in A\}$. 反过来，设 $f(a) = f(b)$，$a,\, b \in A$，则 $(a,\, b) \in \ker f$. 由已知可得 $a = b$，即 f 是单射.　□

下面给出双射的判定定理.

定理 1.2.1　设 $f: A \to B$ 是一个映射，则 f 是双射当且仅当对任意的 $b \in B$，存在唯一的 $a \in A$，满足 $f(a) = b$.

证明： 充分性是显然的，下面证明必要性. 设 f 是双射. 由 f 是满射知，对任意的 $b \in B$，存在 $a \in A$，使 $f(a) = b$. 假设 $f(a) = b = f(c)$，$c \in A$，则由 f 是单射知，$a = c$，即满足 $f(a) = b$ 的 a 是唯一的.　□

定义 1.2.4　设 $f: A \to B$，$g: B \to C$ 是映射. 令 $h: A \to C$，

$$h(a) = g(f(a)),\ a \in A,$$

则 h 称为 f 与 g 的合成（composite）映射，记为 gf.

例如，映射 $f: A \to B$，$g: B \to C$ 的定义如图 1.4(a) 所示，那么合成映射 gf 的定义如图 1.4(b) 所示. 一般地，映射 $f: A \to B$ 与 $g: B \to C$ 的合成映射如图 1.5 所示.

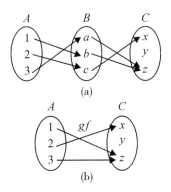

图 1.4　映射的合成

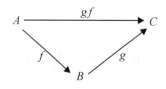

图 1.5　合成映射

设 f：$A \to B$ 是映射. 则 $f\,\mathrm{id}_A = f = \mathrm{id}_B f$.

定理 1.2.2　映射的合成满足结合律, 即如果 f：$A \to B$, g：$B \to C$, h：$C \to D$ 是映射, 那么 $h(gf) = (hg)f$.

证明：显然, $h(gf)$ 与 $(hg)f$ 都是 A 到 D 的映射. 任取 $a \in A$, 由

$$((hg)f)(a) = (hg)(f(a)) = h(g(f(a)))$$

及

$$(h(gf))(a) = h((gf)(a)) = h(g(f(a))),$$

得到 $(hg)f = h(gf)$.　　　　　　　　　　　　　　　　　　　　　□

由定理 1.2.1 知, 如果 f：$A \to B$ 是双射, 那么我们可以定义映射 g：$B \to A$, $b \mapsto a$, 其中, a 和 b 满足 $f(a) = b$. 易见, 映射 g 满足

$$fg = \mathrm{id}_B,\ gf = \mathrm{id}_A.$$

这样的 g 称为 f 的逆映射 (inverse), 记为 f^{-1}, 并称 f 是可逆的. 满足 $fg = \mathrm{id}_B$ 的 g 称为 f 的右逆 (right inverse), 也称 f 是右可逆的; 对称地, 可以定义 f 的左逆 (left inverse).

注 1.2.1　若 f：$A \to B$ 是一个可逆映射, 则

(1) $f(a) = b$ 当且仅当 $f^{-1}(b) = a$, 其中, $a \in A$, $b \in B$;

(2) f^{-1} 也是双射, 并且 $(f^{-1})^{-1} = f$.

注 1.2.2　在第 1.1 节中, 我们用 $|A|$ 表示有限集 A 所含元素的个数. 运用双射, 我们可以将这一概念推广. 更一般地, 对于任一集合 A, 用 $|A|$ 表示 A 的基数 (cardinal number 或 cardinality). 简单地说, 如果集合 A 和 B 之间存在一个双射, 就称 A 与 B 具有相同的基数, 即 $|A| = |B|$. 当 A 中有 $n\,(n \in \mathbf{N}^*)$ 个元素时, 我们可以构建一个由 A 到集合 $\{1, 2, \cdots, n\}$ 的双射 (习题 1.2 第 4 题), 因此, 对于有限集合 A, $|A|$ 就是 A 中所含元素的个数.

习　题　1.2

1. 判断下列法则哪些是映射.

(1) φ_1：$\mathbf{Q} \to \mathbf{R}$, $\varphi_1(x) = \dfrac{1}{x-1}$, $x \in \mathbf{Q}$;

(2) φ_2：$\mathbf{Q} \to \mathbf{Q}$, $\varphi_2\left(\dfrac{b}{a}\right) = a + b$, $a, b \in \mathbf{Z}$, $a \neq 0$;

(3) φ_3：$\{1, 2, 3\} \to \{2, 4, 6, 8, 10\}$, $\varphi_3(x) = 3x$, $x \in \{1, 2, 3\}$;

（4）$\widetilde{\varphi_3}: \{1, 2, 3\} \to \{2, 4, 6, 8, 10\}$, $\widetilde{\varphi_3}(x) = 2x$, $x \in \{1, 2, 3\}$;

（5）$\varphi_4: \mathbf{Q} \to \mathbf{N}$, $\varphi_4(x) = x^2$, $x \in \mathbf{Q}$;

（6）$\varphi_5: \mathbf{R}^n \to \mathbf{R}$, $\varphi_5(a_1, a_2, \cdots, a_n) = a_1$, $(a_1, a_2, \cdots, a_n) \in \mathbf{R}^n$;

（7）$\varphi_6: F^{n \times n} \to F$, $\varphi_6(A) = \det(A)$, $A \in F^{n \times n}$, 其中 $F^{n \times n}$ 是数域 F 上所有 n 阶方阵组成的集合, $\det(A)$ 表示 A 的行列式.

2. 判断下列映射哪些是单射, 哪些是满射, 哪些是双射.

（1）$f_1: \mathbf{Z} \to 2\mathbf{Z}$, $f_1(x) = 2x$, $x \in \mathbf{Z}$, 其中, $2\mathbf{Z}$ 表示所有偶数组成的集合;

（2）$f_2: F^{n \times n} \to \{0, 1, \cdots, n\}$, $f_2(A) = \mathrm{rank}(A)$, $A \in F^{n \times n}$, 其中 $\mathrm{rank}(A)$ 表示 A 的秩;

（3）$f_3: \mathbf{Z} \to \mathbf{Z}$, $f_3(x) = 2x$, $x \in \mathbf{Z}$;

（4）$f_4: \mathbf{Z} \to \mathbf{R}$, $f_4(x) = 1$, $x \in \mathbf{Z}$.

3. 求第 2 题中每个映射的像与核.

4. 设集合 A 中有 n ($n \in \mathbf{N}^*$) 个元素. 构建一个由 A 到集合 $\{1, 2, \cdots, n\}$ 的双射, 从而 A 的基数为 n.

5. 设 $f: A \to B$, $g: B \to C$ 是两个映射. 证明:

（1）若 f 和 g 是单射, 则 gf 也是单射;

（2）若 f 和 g 是满射, 则 gf 也是满射;

（3）若 f 和 g 是双射, 则 gf 也是双射;

（4）若 gf 是双射, 则 f 是单射, g 是满射.

6. 设 $f: A \to B$ 是一个映射. 证明:

（1）f 是满射当且仅当 f 是右可逆的;

（2）f 是单射当且仅当 f 是左可逆的.

7. 设 $|A| \geq 2$. 证明: $f: A \to B$ 是双射当且仅当 f 有唯一的左逆.

8. 设 $f: A \to B$ 是一个映射, 并且 $|A| = |B| < \infty$. 证明以下命题等价:

（1）f 是满射;

（2）f 是单射;

（3）f 是双射.

9. 设 $A = \{a_1, a_2, \cdots, a_m\}$, $B = \{b_1, b_2, \cdots, b_n\}$. 从 A 到 B 共有多少个不同的映射? 其中有多少个单射? 有多少个满射? 有多少个双射? 请说明理由.

1.3　集合上的运算

本书讨论的群、环和域等都是带有运算的集合. 因此, 我们首先讨论代数运算. 最常见的代数运算是二元运算.

定义 1.3.1　设 A, B, D 是非空集合, 则映射 $f: A \times B \to D$ 称为 $A \times B$ 到 D 的一个代数运算. 特别地, $A \times A$ 到 A 的代数运算称为 A 上的二元运算 (binary operation).

换言之，$A \times A$ 到 A 的每个映射都是 A 的一个二元运算. 设 f 是 A 上的一个二元运算，由映射的定义知，对任意的 a，$b \in A$，存在唯一的 $c \in A$，满足

$$f(a, b) = c,$$

记作 $c = a f b$. 我们常用 "·" 和 "+" 等符号表示二元运算. 通常·称为乘法，$a \cdot b$（或简记为 ab）称为 a 与 b 的乘积；+ 称为加法，$a + b$ 称为 a 与 b 的和. 注意，此处的乘法和加法是定义在一般集合上的抽象的二元运算，未必是普通的数的乘法和加法.

如果集合 A 只含有 2 个元素 a 和 b，要定义 A 上的二元运算，就是要确定下面定义的运算中的右列元素.

(x, y)	$x \cdot y$
(a, a)	
(b, b)	
(a, b)	
(b, a)	

例如，下面的 5 种定义都是 A 上的二元运算，而且是 A 上不同的二元运算. 易见，A 上共有 16 种不同的二元运算.

(x, y)	$x \cdot y$	(x, y)	$x \cdot y$	(x, y)	$x \cdot y$	(x, y)	$x \cdot y$	(x, y)	$x \cdot y$
(a, a)	a	(a, a)	b	(a, a)	a	(a, a)	b	(a, a)	a
(b, b)	a	(b, b)	b	(b, b)	b	(b, b)	a	(b, b)	b
(a, b)	a	(a, b)	b	(a, b)	a	(a, b)	b	(a, b)	b
(b, a)	a	(b, a)	b	(b, a)	b	(b, a)	a	(b, a)	b

例 1.3.1　设 F 是一个数域，则数的加法与乘法都是 F 上的二元运算. 数的除法（÷）则不是 F 上的二元运算（思考：为什么？）.

注 1.3.1　一个集合上可能会有多个二元运算，如含有 2 个元素的集合上共有 16 种不同的二元运算；例 1.3.1 中，一个数域 F 上可以有加法、乘法等运算.

例 1.3.2　$\mathbf{R}^n$ 上 n 元数组的加法是 $\mathbf{R}^n$ 的二元运算. 更确切地，记

$$\mathbf{R}^n = \{(a_1, a_2, \cdots, a_n) \mid a_i \in \mathbf{R}, i = 1, 2, \cdots, n\},$$

则 $\mathbf{R}^n$ 的加法运算为

$$(a_1, a_2, \cdots, a_n) + (b_1, b_2, \cdots, b_n) = (a_1 + b_1, a_2 + b_2, \cdots, a_n + b_n),$$

其中，$a_i + b_i$（$i = 1, 2, \cdots, n$）是实数 a_i 与 b_i 的加法.

例 1.3.3　设 V 是数域 F 上的一个向量空间，则 V 上向量的加法

$$+: V \times V \to V,$$
$$(\alpha, \beta) \mapsto \alpha + \beta$$

是 V 上的二元运算.

例 1.3.4　设 $F^{n \times n}$ 是数域 F 上全体 n 阶方阵组成的集合，则 $F^{n \times n}$ 上矩阵的加法

$$+: F^{n \times n} \times F^{n \times n} \to F^{n \times n},$$
$$(A, B) \mapsto A + B$$

与矩阵乘法

$$\cdot: F^{n \times n} \times F^{n \times n} \to F^{n \times n},$$
$$(A, B) \mapsto AB$$

都是 $F^{n \times n}$ 上的二元运算.

例 1.3.5　集合的交与并是一个集合 X 的幂集 $P(X)$ 上的二元运算. 任取 A, $B \in P(X)$, 则交为 $A \cap B$, 并为 $A \cup B$.

命题 1.3.1　设 $\cdot$ 是集合 A 上的二元运算, 则 $\cdot$ 满足以下条件:

(1) 如果 $a, b \in A$, 那么 $a \cdot b \in A$;

(2) 对任意 $a, b, c \in A$, 如果 $a = b$, 那么 $a \cdot c = b \cdot c$;

(3) 对任意 $a, b, c \in A$, 如果 $a = b$, 那么 $c \cdot a = c \cdot b$;

(4) 对任意 $a, b, c, d \in A$, 如果 $a = c$, $b = d$, 那么 $a \cdot b = c \cdot d$.

证明: 我们只证明 (4). 事实上, $\cdot$ 是 $A \times A \to A$ 的映射. 由 $a = c$, $b = d$ 知 $(a, b) = (c, d)$, 因此在映射 $\cdot$ 的作用下, 有 $\cdot (a, b) = \cdot (c, d)$, 即 $a \cdot b = c \cdot d$.

□

注 1.3.2　(1) 命题 1.3.1 中条件 (1) 表明 A 关于运算 $\cdot$ 是封闭的.

(2) 一般地, $a \cdot b$ 未必等于 $b \cdot a$. 比如, 例 1.3.4 中, 当 $n = 2$ 时, 对于 $F^{2 \times 2}$ 的乘法运算, 易见

$$\begin{pmatrix} 1 & 0 \\ 1 & 0 \end{pmatrix} \begin{pmatrix} 0 & 1 \\ 0 & 1 \end{pmatrix} = \begin{pmatrix} 0 & 1 \\ 1 & 0 \end{pmatrix} \neq \begin{pmatrix} 1 & 0 \\ 1 & 0 \end{pmatrix} = \begin{pmatrix} 0 & 1 \\ 0 & 1 \end{pmatrix} \begin{pmatrix} 1 & 0 \\ 1 & 0 \end{pmatrix}.$$

类似地, 我们可以定义集合 A 上的 n 元运算.

定义 1.3.2　设 A 是一个非空集合, n 是一个非负整数, 称映射 $\underbrace{A \times A \times \cdots \times A}_{n \text{个}} \to A$ 为 A 上的 n 元运算 (n-ary operation), 简称为 A 上的运算 (operation).

例 1.3.6　令 $GL_n(F)$ 为数域 F 上所有 n 阶可逆方阵组成的集合, 则求逆运算

$$GL_n(F) \to GL_n(F),$$
$$A \mapsto A^{-1}$$

是 $GL_n(F)$ 上的一元运算, 其中 A^{-1} 是 A 的逆矩阵. 此外, $GL_n(F)$ 中存在唯一的单位矩阵 E, 它可以确定 $GL_n(F)$ 上的一个零元运算.

注 1.3.3　A 上的零元运算是一个映射 $f: \{\varnothing\} \to A$, 它由单个元素 $f(\varnothing) \in A$ 来确定. 读者也可以将零元运算理解为缺省变量的常值一元运算, 但是, 二者不是等同的.

我们已经接触过许多带有运算的集合, 如前面例子中的带有加法与乘法运算的数集、带有加法与乘法运算的矩阵组成的集合等. 集合上的运算如果满足某些运算律, 会形成不同的代数结构, 如向量空间、数环、数域等.

定义 1.3.3　设 A 是一个非空集合, Ω 是 A 上运算的集合. (A, Ω) 称为一个代数 (algebra).

设 X 是一个数集. 一般地, 若 X 在数的加法下是封闭的, 则用 $(X, +)$ 表示 X 关于数的加法构成的代数. 类似地, 若 X 在数的乘法下是封闭的, 则用 $(X, \cdot)$ 表

示 X 关于数的乘法构成的代数. 同样地, 设 Y 是一个由矩阵组成的集合. 记 $(Y, +)$ 及 $(Y, \cdot)$ 为 Y 关于矩阵的加法及矩阵的乘法构成的代数, 如果 Y 在这两个运算下是封闭的.

例 1.3.7 (1) 一个半群 $(S, \cdot)$ 是带有一个二元运算 $\cdot$ 的代数, 对任意的 a, b, $c \in S$, 都有
$$(a \cdot b) \cdot c = a \cdot (b \cdot c).$$
在半群中, 通常记 $a \cdot b$ 为 ab.

(2) 一个群 $(G, \cdot, e)$ 是带有一个二元运算 $\cdot$ 及一个零元运算 e 的代数, 满足

(a) $(G, \cdot)$ 是一个半群.

(b) 对任意的 $a \in G$, 有 $a \cdot e = e \cdot a = a$.

(c) 对任意的 $a \in G$, 存在 $b \in G$, 使 $a \cdot b = b \cdot a = e$.

有时, 群也可以看成是形如 $(G, \cdot, ^{-1}, e)$ 的代数, 其中, 求逆运算 $^{-1}$ 是一个一元运算, 满足上述条件 (a)、(b), 以及

(c′) $a \cdot a^{-1} = a^{-1} \cdot a = e$.

如果对任意的 a, $b \in G$, 都有 $a \cdot b = b \cdot a$, 就称 G 是交换群.

(3) 一个环 $(R, +, \cdot, 0)$ 是一个带有两个二元运算 $+$, $\cdot$ 及一个零元运算 0 的代数, 满足

(a) $(R, +, 0)$ 是一个交换群.

(b) $(R, \cdot)$ 是一个半群.

(c) 对任意 a, b, $c \in R$, $a \cdot (b+c) = a \cdot b + a \cdot c$, $(b+c) \cdot a = b \cdot a + c \cdot a$.

上例中的几个代数是本书的重点研究对象, 我们将在后续章节中进一步讨论它们. 在研究代数结构时, 我们常常要考虑代数中的运算是否满足特定的运算律. 下面列出一些关于二元运算常见的运算律.

设 $(A, \cdot)$ 是一个代数, $\cdot$ 是 A 上的二元运算. 通常, $a \cdot b (a, b \in A)$ 也记为 ab.

(1) 若对任意的 a, b, $c \in A$, 都有
$$(ab)c = a(bc),$$
则称 $\cdot$ 满足结合律 (associative law).

(2) 若对任意的 a, $b \in A$, 都有
$$ab = ba,$$
则称 $\cdot$ 满足交换律 (commutative law).

(3) 若对任意的 a, b, $c \in A$, 都有
$$ab = ac \Rightarrow b = c,$$
则称 $\cdot$ 满足左消去律 (left cancellation law). 类似地, 可以定义右消去律 (right cancellation law). 若 $\cdot$ 既是左可消的, 又是右可消的, 则称 $\cdot$ 满足消去律 (cancellation law).

例 1.3.8 (1) 数的加法满足结合律、交换律和消去律.

(2) 数的乘法满足结合律和交换律, 但不满足消去律, 如 $2 \times 0 = 3 \times 0$, 可 $2 \neq 3$.

(3) 数的减法不满足结合律和交换律, 但满足消去律.

一般而言，任取 a，b，$c \in A$，记号 abc 是没有意义的，这是因为我们不知道运算的顺序，即不知道加括号的方式. 容易看出，这里一共有两种可能的运算顺序（加括号的方式）：$(ab)c$ 和 $a(bc)$. 若·满足结合律，则 $(ab)c = a(bc)$，即 abc 的运算结果与加括号的方式无关，我们将这唯一的结果记作 abc. 这一结论可推广到任意有限多个元相乘的情形，即：若代数 $(A, \cdot)$ 满足结合律，则任取 a_1，a_2，$\cdots$，$a_n \in A(n \in \mathbf{N}^*)$，积 $a_1 a_2 \cdots a_n$ 的运算结果与加括号方式无关，因此符号 $a_1 a_2 \cdots a_n$ 是有意义的.

特别地，若 $(A, \cdot)$ 满足结合律，$a \in A$，则 $aa \cdots a$（n 个 a，$n \in \mathbf{N}^*$）与加括号方式无关，记为 a^n. 不难证明，对任意的 m，$n \in \mathbf{N}^*$，都有

$$a^m \cdot a^n = a^{m+n}, \quad (a^m)^n = a^{mn}.$$

若 $(A, \cdot)$ 满足结合律和交换律，则

$$(ab)^m = a^m b^m, \quad a, b \in A, m \in \mathbf{N}^*.$$

我们也关注代数 A 中的一些具有特殊运算性质的元素.

（1）若元素 $e \in A$ 满足

$$\forall a \in A, \ ae = ea = a,$$

则称 e 是 A 的单位元（identity）.

（2）若元素 $a \in A$ 满足

$$aa = a,$$

则称 a 是 A 的一个幂等元（idempotent）.

（3）设 $(A, \cdot)$ 有单位元 e. 对于元素 $a \in A$，若存在 $b \in A$，使

$$ab = e,$$

则称 b 是 a 的一个右逆元（right inverse），同时称 a 是右可逆的. 同理可以定义左逆元（left inverse）. 若 b 既是 a 的左逆元，又是 a 的右逆元，即

$$ab = ba = e,$$

则称 a 是可逆的（invertible），b 是 a 的逆元（inverse），记为 $b = a^{-1}$.

注 1.3.4　（1）若 $(A, \cdot)$ 有单位元 e，则规定 $a^0 = e$.

（2）如果两个代数具有相同的运算族及运算律，就称这两个代数是同型代数（algebras with same type）.

有限集合上的二元运算通常可以用凯莱表（Cayley table）来表示. 凯莱表也称为乘法表. 例如，设 $A = \{a, b\}$，则凯莱表

$\cdot$	a	b
a	a	b
b	a	a

表示 A 上的运算为：$a \cdot a = a$，$a \cdot b = b$，$b \cdot a = a$，$b \cdot b = a$.

例 1.3.9　设 $A = \{a, b, c, d\}$，A 的凯莱表如下：

$$
\begin{array}{c|cccc}
\cdot & a & b & c & d \\
\hline
a & a & a & a & a \\
b & a & a & a & a \\
c & a & a & a & a \\
d & a & a & a & a
\end{array},
$$

则任取 x，$y \in A$，都有 $xy = a$.

例 1.3.10 设 $A = \{a, b, c, d\}$，A 的凯莱表如下：

$$
\begin{array}{c|cccc}
\cdot & a & b & c & d \\
\hline
a & a & b & c & d \\
b & b & a & d & c \\
c & c & d & a & b \\
d & d & c & b & a
\end{array},
$$

则任取 x，$y \in A$，都有 $xy = yx$.

习　题　1.3

1. 在实数集 $\mathbf{R}$ 上，定义二元运算 $\circ_1$ 和 $\circ_2$：
$$a \circ_1 b = \max\{a, b\},$$
$$a \circ_2 b = 2a + b.$$
讨论 $\circ_1$ 和 $\circ_2$ 是否满足结合律、交换律和消去律. 在运算 $\circ_1$ 和 $\circ_2$ 下，$\mathbf{R}$ 有单位元吗？

2. 设代数 $A = \{a, b, c\}$ 的凯莱表如下：

$$
\begin{array}{c|ccc}
\cdot & a & b & c \\
\hline
a & a & b & c \\
b & b & c & a \\
c & c & a & b
\end{array}.
$$

问：$(A, \cdot)$ 满足结合律、交换律和消去律吗？A 有单位元吗？A 有幂等元吗？A 中元素可逆吗？

3. 证明命题 1.3.1(1) 至 (3).

4. 设 $(A, \cdot)$ 是一个代数，$\cdot$ 是 A 上的一个适合结合律的二元运算. 证明下列命题：

(1) 若 A 有单位元，则 A 的单位元是唯一的.

(2) 若 e 是 A 的单位元，则 e 一定是幂等元. 反之是否成立？

(3) 若 $a \in A$ 有逆元，则 a 的逆元是唯一的，并且 $(a^{-1})^{-1} = a$.

(4) 若 A 中每个元素都可逆，则 $(A, \cdot)$ 满足消去律.

5. 判断下列集合关于给定的二元运算是否有单位元. 如果有单位元，找出不可逆的元素：

(1) $(\mathbf{R}, +)$；

(2) $(\mathbf{R}, \cdot)$；

(3)　$(\mathbf{R}^{n \times n}, \cdot)$;

(4)　$(P(X), \cup)$, 其中 X 是一个集合.

6. 试着找出第 5 题中各个代数的所有幂等元.

1.4　代 数 同 态

映射是集合与集合之间联系的桥梁, 同态则是带了运算的代数系统之间联系的纽带. 我们首先引入具有二元运算的代数间同态的概念.

定义 1.4.1　设 $(G, \cdot)$ 和 $(\tilde{G}, \circ)$ 是两个代数, $\cdot$ 与 $\circ$ 是两个二元运算, $f: G \to \tilde{G}$ 是一个映射. 若 f 满足

$$\forall a, b \in G, f(a \cdot b) = f(a) \circ f(b),$$

则称 f 是一个 G 到 $\tilde{G}$ 的同态, 此时, 也称 f 保持运算.

例 1.4.1　考察实数在数的加法下构成的代数 $(\mathbf{R}, +)$ 和正实数在数的乘法下构成的代数 $(\mathbf{R}^+, \cdot)$. 令 $f: \mathbf{R} \to \mathbf{R}^+$, $f(a) = 2^a$, $a \in \mathbf{R}$. 因为对任意的 $a, b \in \mathbf{R}$, 有

$$f(a + b) = 2^{a+b} = 2^a \cdot 2^b = f(a) \cdot f(b),$$

所以 f 是一个 $(\mathbf{R}, +)$ 到 $(\mathbf{R}^+, \cdot)$ 的同态.

下面给出一般代数上同态的定义.

定义 1.4.2　设 (A, Ω) 与 (B, Ω) 是两个同型代数, $f: A \to B$ 是一个映射. 若对于任意的 $a_1, a_2, \cdots, a_n \in A$ ($n \in \mathbf{N}$), 及 n 元运算 $\omega_n \in \Omega$, 都有

$$f(\omega_n(a_1, a_2, \cdots, a_n)) = \omega_n(f(a_1), f(a_2), \cdots, f(a_n)),$$

则称 f 是 A 到 B 的一个同态 (homomorphism). 若 f 是单射 (满射、双射), 则称 f 是单同态 (满同态、同构) [monomorphism (epimorphism, isomorphism)].

若 $A = B$, 则称同态 f 为 A 上的自同态 (endomorphism); 既是单同态又是满同态的自同态称为自同构 (automorphism).

在例 1.4.1 中, 因为 f 是一个双射, 所以 f 是一个 $(\mathbf{R}, +)$ 到 $(\mathbf{R}^+, \cdot)$ 的同构.

下面讨论同态的一些简单性质, 如果不做特别说明, 本节中各代数的二元运算都满足结合律.

命题 1.4.1　设 $(G, \cdot)$ 和 $(\tilde{G}, \circ)$ 是两个有单位元且满足消去律的代数, $\cdot$ 与 $\circ$ 是两个二元运算, e 和 $\tilde{e}$ 分别为 G 和 $\tilde{G}$ 的单位元, $f: (G, \cdot) \to (\tilde{G}, \circ)$ 是一个同态, 则下列命题成立:

(1)　$f(e) = \tilde{e}$;

(2)　若 $a \in G$ 可逆, 则 $f(a) \in \tilde{G}$ 也可逆, 并且 $f(a)^{-1} = f(a^{-1})$.

证明: (1) 事实上, 由

$$\tilde{e} \circ f(e) = f(e) = f(e \cdot e) = f(e) \circ f(e),$$

以及 $\tilde{G}$ 满足消去律可知, $f(e) = \tilde{e}$.

(2)　由于

$$f(a) \circ f(a^{-1}) = f(a \cdot a^{-1}) = f(e) = \tilde{e},$$

以及类似可得 $f(a^{-1}) \circ f(a) = \tilde{e}$, 故 $f(a)^{-1} = f(a^{-1})$.　□

在映射的学习中，我们已经了解到利用映射的像与核可以判定映射的单、满性质. 下面讨论有单位元的代数上判定单同态和满同态的方法.

设 $f: (G, \cdot) \rightarrow (\tilde{G}, \circ)$ 是一个代数同态，$\cdot$ 与 $\circ$ 是两个二元运算，e 和 $\tilde{e}$ 分别是 G 和 $\tilde{G}$ 的单位元. 记

$$\mathrm{Ker} f = \{a \in G \,|\, f(a) = \tilde{e}\}.$$

后面我们将进一步解释符号 $\mathrm{Ker} f$ 的具体含义，它实际上是单位元 e 所在的 $\mathrm{ker} f$ 等价类.

命题 1.4.2 设 $(G, \cdot)$ 与 $(\tilde{G}, \circ)$ 是两个有单位元且每个元素都可逆的代数，$\cdot$ 与 $\circ$ 是两个二元运算，e 和 $\tilde{e}$ 分别是 G 和 $\tilde{G}$ 的单位元，$f: (G, \cdot) \rightarrow (\tilde{G}, \circ)$ 是一个同态，则下列命题成立：

(1) f 为单态当且仅当 $\mathrm{Ker} f = \{e\}$；

(2) f 为满态当且仅当 $\mathrm{Im} f = \tilde{G}$.

证明： (2) 是显然的，我们只证明 (1). 设 f 是单态，$a \in \mathrm{Ker} f$. 由命题 1.4.1 可得

$$f(a) = \tilde{e} = f(e).$$

由 f 是单射知 $a = e$，从而 $\mathrm{Ker} f = \{e\}$.

反过来，假设 $\mathrm{Ker} f = \{e\}$，且 $f(a) = f(b)$，$a, b \in G$，则有

$$\tilde{e} = f(a) \circ [f(b)]^{-1} = f(a \cdot b^{-1}),$$

这表明 $ab^{-1} \in \mathrm{Ker} f$，因此 $ab^{-1} = e$. 由逆元的唯一性知 $a = b$. 故 f 是单态. □

命题 1.4.3 设 $(G, \cdot)$ 与 $(\tilde{G}, \circ)$ 是两个代数，$\cdot$ 与 $\circ$ 是两个二元运算，$f: (G, \cdot) \rightarrow (\tilde{G}, \circ)$ 是一个同构，则 f^{-1} 也是同构.

证明： 显然 f^{-1} 也是一个双射，下面只需证明 f^{-1} 保持运算. 设 $b_1, b_2 \in \tilde{G}$，$f^{-1}(b_1) = a_1$，$f^{-1}(b_2) = a_2$，则

$$f^{-1}(b_1 \circ b_2) = f^{-1}(f(a_1) \circ f(a_2)) = f^{-1}(f(a_1 \cdot a_2)) = a_1 \cdot a_2 = f^{-1}(b_1) \cdot f^{-1}(b_2).$$

因此，f^{-1} 是同构. □

下面的命题表明，同构的代数具有类似的运算性质.

命题 1.4.4 设 $(G, \cdot)$ 与 $(\tilde{G}, \circ)$ 是两个代数（不要求满足结合律），$\cdot$ 与 $\circ$ 分别是 G 与 $\tilde{G}$ 的二元运算，$f: (G, \cdot) \rightarrow (\tilde{G}, \circ)$ 是一个同构映射，则下列命题成立：

(1) $(G, \cdot)$ 满足结合律当且仅当 $(\tilde{G}, \circ)$ 满足结合律；

(2) $(G, \cdot)$ 满足交换律当且仅当 $(\tilde{G}, \circ)$ 满足交换律；

(3) $(G, \cdot)$ 有单位元当且仅当 $(\tilde{G}, \circ)$ 有单位元；

(4) 元素 $a \in G$ 在 G 中有逆元当且仅当 $f(a)$ 在 $\tilde{G}$ 中有逆元.

证明： 我们证明 (2) 和 (3)，把 (1) 和 (4) 的证明留给读者.

(2) 必要性. 设 $(G, \cdot)$ 满足交换律. 任取 $a', b' \in \tilde{G}$，因为 f 是满射，可设 $a' = f(a)$，$b' = f(b)$，其中 $a, b \in G$，则

$$a'b' = f(a)f(b) = f(ab) = f(ba) = f(b)f(a) = b'a'.$$

因此，$\tilde{G}$ 满足交换律.

充分性类似可得.

（3）必要性. 设 G 有单位元 e. 任取 $a' \in \tilde{G}$，因为 f 是满射，可设 $a' = f(a)$，其中 $a \in G$，则

$$a'f(e) = f(a)f(e) = f(ae) = f(a) = a'.$$

同理可证 $f(e)a' = a'$，故 $f(e)$ 是 $\tilde{G}$ 的单位元.

充分性类似可得. □

在上面的证明中，我们省略了运算符号"·"和"。"，在上下文中这不会引起混淆，因为我们知道 $a'b'$ 是 $\tilde{G}$ 中的运算，而 ab 则是 G 中的运算.

我们再看一个具体的例子.

例 1.4.2 设 $G = \{e, a, b, c\}$，其乘法表如下：

·	e	a	b	c
e	e	a	b	c
a	a	e	c	b
b	b	c	e	a
c	c	b	a	e

设 $\tilde{G} = \{\tilde{e}, a', b', c'\}$，其中，

$$\tilde{e} = \begin{pmatrix} 1 & 0 \\ 0 & 1 \end{pmatrix}, \ a' = \begin{pmatrix} -1 & 0 \\ 0 & -1 \end{pmatrix}, \ b' = \begin{pmatrix} 1 & 0 \\ 0 & -1 \end{pmatrix}, \ c' = \begin{pmatrix} -1 & 0 \\ 0 & 1 \end{pmatrix}.$$

设 $\tilde{G}$ 的运算为矩阵的乘法，则对任意的 $x \in \tilde{G}$,

$$x^2 = \tilde{e}, \ x\tilde{e} = \tilde{e}x = x,$$

并且当 $x, y, z \in \tilde{G}$ 互不相同时，有

$$xy = yx = z.$$

定义 f：$G \to \tilde{G}$，满足 $f(e) = \tilde{e}$，$f(a) = a'$，$f(b) = b'$，$f(c) = c'$，则 f 是一个从 G 到 $\tilde{G}$ 的同构映射（习题 1.4 第 3 题）. 因为矩阵的乘法运算满足结合律，所以由命题 1.4.4 可得，G 中的运算满足结合律.

同构是一个极为重要的概念. 对于同构的两个代数，首先，它们的元素间是一一对应的；其次，若其中一个代数有某个只与代数运算有关的性质（如结合律、交换律等），那么另一个代数有一个完全类似的性质. 因此，两个同构的代数可以视为相同的，它们只是记号不同而已.

习 题 1.4

1. 设 $x \in \mathbf{R}$. 考察下列映射，哪些是代数 $(\mathbf{R}, \cdot)$ 上的同态映射？

（1）$x \mapsto |x|$；

（2）$x \mapsto 2x$；

（3）$x \mapsto x^2$；

（4）$x \mapsto -x$.

2. 证明命题 1.4.4(1).

3. 证明：例 1.4.2 中的映射是一个同构映射.

4. 给出代数 $(\mathbf{R}, +)$ 的一个自同构（恒等映射除外）.

5. 证明：$(\mathbf{R}, +)$ 与 $(\mathbf{R}^+, \cdot)$ 同构.

6. 试找出 $(\mathbf{Z}, +)$ 到 $(2\mathbf{Z}, +)$ 的一个同态映射.

7. 证明：代数 $(\mathbf{Q}, +)$ 与 $(\mathbf{Q}^*, \cdot)$ 不同构.

8. 设 $(A, \cdot), (B, \cdot'), (C, \cdot'')$ 是同型代数，$\cdot, \cdot', \cdot''$ 分别是 A, B, C 的二元运算. 设 $f: A \to B$，$g: B \to C$ 是同态映射. 证明：$gf: A \to C$ 也是同态映射.

9. 判断以下映射是否是同构映射：

(1) $f: (\mathbf{Q}, +) \to (\mathbf{Q}, +)$，$f(x) = \dfrac{x}{5}$，$x \in \mathbf{Q}$；

(2) $f: (\mathbf{Z}, +) \to (\mathbf{Z}, +)$，$f(x) = x + 1$，$x \in \mathbf{Z}$；

(3) $f: (\mathbf{R}, \cdot) \to (\mathbf{R}, \cdot)$，$f(x) = x^3$，$x \in \mathbf{R}$；

(4) $f: (\mathbf{R}^{2 \times 2}, \cdot) \to (\mathbf{R}, \cdot)$，$f(A) = \det(A)$，$A \in \mathbf{R}^{2 \times 2}$.

1.5 关 系

我们除了把两个集合拿来比较外，有时也要把一个集合分成若干子集加以讨论. 这时就要用到集合的分类. 集合的分类和等价关系这一概念有着密切的联系. 首先给出集合上二元关系的概念，n 元关系可以类似定义.

定义 1.5.1 设 A, B 是两个集合，R 是 $A \times B$ 的子集合，则称 R 是从 A 到 B 的一个二元关系（binary relation），以下简称关系. 如果 $(x, y) \in R$，就称 x 与 y 有 R 关系，记为 $x\, R\, y$. 从 A 到 A 的关系称为 A 上的关系.

严格地说，一个关系是由三个集合共同确定的，即 A, B 及 $A \times B$ 的某个子集合 R. 因此，对于一个给定的集合 A，$A \times A$ 的所有子集合决定了 A 上的所有关系. 比如 $|A| = 3$，则 $A \times A$ 的子集合有 2^9 个，A 上的关系也有 2^9 个.

例 1.5.1 $\mathbf{Z}$ 上常见的几种关系分别定义如下：对任意的 $a, b \in \mathbf{Z}$，

(1) 整除关系 R_1：$a\, R_1\, b$ 当且仅当 $a \mid b$.

(2) 小于等于关系 R_2：$a\, R_2\, b$ 当且仅当 $a \leqslant b$.

(3) 相等关系 R_3：$a\, R_3\, b$ 当且仅当 $a = b$.

例 1.5.2 令 $A = \{$某校 2019 级全体同学$\}$，$a, b \in A$. 定义 $\sim$：$a \sim b$ 当且仅当 a 与 b 同姓（假定每个同学的姓氏唯一），则 $\sim$ 是 A 上的一个关系.

定义 1.5.2 设 $\sim$ 是集合 A 上的一个关系.

(1) 若 $a \sim a$ 对任意的 $a \in A$ 成立，则称 $\sim$ 是自反的（reflexive）；

(2) 若对任意的 $a, b \in A$，由 $a \sim b$ 可以得到 $b \sim a$，则称 $\sim$ 是对称的（symmetric）；

(3) 若对任意的 $a, b \in A$，由 $a \sim b$ 及 $b \sim a$ 可以得到 $a = b$，则称 $\sim$ 是反对称的（antisymmetric）；

(4) 若对任意的 $a, b, c \in A$，由 $a \sim b$ 且 $b \sim c$ 可以得到 $a \sim c$，则称 $\sim$ 是传递的（transitive）.

若 ∼ 是自反的、对称的和传递的，则称 ∼ 是 A 上的一个等价关系（equivalence relation）. 若 ∼ 是自反的、反对称的和传递的，则称 ∼ 是 A 上的一个偏序（partial order）.

例 1.5.3 （1）每个集合 X 上都有两个重要的等价关系：全关系（complete relation）ω_X，其中 $x\,\omega_X\,y$ 当且仅当 x，$y\in X$，以及相等关系（equality relation）ε_X，其中 $x\,\varepsilon_X\,y$ 当且仅当 $x=y$.

（2）设 X 是平面上所有直线组成的集合，x，$y\in X$，$x /\!/ y$ 表示 x 与 y 平行. 若我们约定每一条线都与自己平行，则 $/\!/$ 是 X 上的等价关系.

（3）设 X 是一个集合，$P(X)$ 是 X 的幂集. 考虑集合间的"包含关系"$\subseteq$：对任意的 A，B，$C\in P(X)$，有

（a）$A\subseteq A$；

（b）$A\subseteq B$，$B\subseteq A\Rightarrow A=B$；

（c）$A\subseteq B$，$B\subseteq C\Rightarrow A\subseteq C$.

故包含关系满足自反性、反对称性和传递性，从而是 $P(X)$ 上的一个偏序.

（4）集合 $\mathbf{R}$ 上的"小于等于"关系 $\leqslant$，满足自反性、反对称性和传递性，从而是 $\mathbf{R}$ 上的一个偏序.

（5）设 n 是一个给定的正整数. $\mathbf{Z}$ 上的模 n 同余（congruence modulo n）关系 $\equiv$ 定义如下：任取 x，$y\in\mathbf{Z}$，若 $n\mid(x-y)$，则称 x 与 y 模 n 同余，记为

$$x\equiv y(\bmod\ n).$$

显然，对任意的 x，$y\in\mathbf{Z}$，都有

（a）$n\mid(x-x)$，从而 $x\equiv x(\bmod\ n)$，即 $\equiv$ 是自反的；

（b）由 $n\mid(x-y)$ 可以得到 $n\mid(y-x)$，故 $\equiv$ 是对称的；

（c）由 $n\mid(x-y)$，$n\mid(y-z)$ 可以得到 $n\mid(x-z)$，故 $\equiv$ 是传递的.

因此，模 n 同余是 $\mathbf{Z}$ 上的一个等价关系.

命题 1.5.1 设 f：$A\to B$ 是一个映射，则 $\ker f$ 是 A 上的等价关系.

证明： $\ker f=\{(a,b)\in A\times A\mid f(a)=f(b)\}$，显然，对任意的 $a\in A$，$(a,a)\in\ker f$ 成立，故 $\ker f$ 是自反的. 容易证明，对任意的 a，b，$c\in A$，都有

$$(a,b)\in\ker f\Leftrightarrow f(a)=f(b)$$
$$\Leftrightarrow f(b)=f(a)$$
$$\Leftrightarrow (b,a)\in\ker f,$$

即 $\ker f$ 是对称的，以及

$$(a,b)\in\ker f,\ (b,c)\in\ker f\Rightarrow f(a)=f(b)=f(c)$$
$$\Rightarrow (a,c)\in\ker f,$$

即 $\ker f$ 是传递的. 从而 $\ker f$ 是 A 上的等价关系. □

等价关系是集合上最重要也是最特殊的一种关系. 利用等价关系，我们可以给一个集合进行分类. 下面首先引入集合分类的概念.

定义 1.5.3 设 A 是一个非空集合，$\varnothing\neq A_i\subseteq A$，$i\in I$. 若

（1）$A=\cup_{i\in I}A_i$；

(2) $\forall i, j \in I, i \neq j, A_i \cap A_j = \varnothing$,

则称 $P = \{A_i\}_{i \in I}$ 是集合 A 的一个分类（partition），如图 1.6 所示，称 $A_i (i \in I)$ 是一个类（class）.

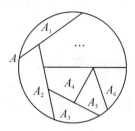

图 1.6 A 的分类

事实上，一个集合上的等价关系与它的分类是一一对应的.

定理 1.5.1 设 A 是一个非空集合，则下面结论成立：

（1）设 $\{A_i\}_{i \in I}$ 是 A 的一个分类. 在 A 上定义 $\sim$：对任意的 $a, b \in A$，$a \sim b$ 当且仅当

$$\exists i \in I, a, b \in A_i,$$

则 $\sim$ 是 A 上的等价关系.

（2）设 $\sim$ 是 A 上的等价关系. 对任意的 $a \in A$，记

$$[a]_\sim = \{x \in A \mid x \sim a\},$$

则

$$A/\sim = \{[a]_\sim \mid a \in A\}$$

是 A 的一个分类.

（3）设 Ω 为 A 上全体等价关系构成的集合，Σ 为 A 上全体分类构成的集合，则映射

$$\sigma: \Omega \to \Sigma,$$
$$\sim \mapsto A/\sim$$

是一个双射.

证明：（1）易证 $\sim$ 满足自反性、对称性和传递性，从而是一个等价关系.

（2）首先，任取 $a \in A$，有 $a \in [a]_\sim$，故 $\cup_{a \in A}[a]_\sim = A$. 其次，如果 $a, b \in A$，$[a]_\sim \cap [b]_\sim \neq \varnothing$，取 $c \in [a]_\sim \cap [b]_\sim$，有 $c \sim a$ 且 $c \sim b$，从而 $[a]_\sim = [c]_\sim = [b]_\sim$. 由此可得，$A/\sim$ 是 A 的一个分类.

（3）设 $\{A_i\}_{i \in I}$ 是 A 的一个分类. 在 A 上定义 $\sim$：对任意的 $a, b \in A$，$a \sim b$ 当且仅当

$$\exists i \in I, a, b \in A_i.$$

由（1）知，$\sim$ 是 A 上的等价关系. 再由（2）知，$\{A_i\}_{i \in I} = A/\sim$. 因此，$\sigma$ 是一个满射.

再设 $A/\sim_1 = A/\sim_2$，其中 $\sim_1$ 和 $\sim_2 \in \Omega$ 是 A 上的两个等价关系，则有 $[a]_{\sim_1} =$

$[a]_{\sim_2}$, $\forall a \in A$. 从而，$\forall a$，$b \in A$，$a_{\sim_1}b \Leftrightarrow [a]_{\sim_1} = [b]_{\sim_1} \Leftrightarrow [a]_{\sim_2} = [b]_{\sim_2} \Leftrightarrow$ $a_{\sim_2}b$. 因此，$\sim_1 = \sim_2$. □

由集合 A 上的等价关系 $\sim$ 所确定的分类
$$[a]_{\sim} = \{x \in A \mid x \sim a\},$$
其中 $a \in A$，称为 A 的一个等价类（equivalence class），$[a]_{\sim}$ 有时也简记为 $[a]$；$[a]$ 中的元素叫作类 $[a]$ 的代表元（representation element），从 A 的每一个等价类中取出一个代表元所构成的集合称为等价关系 $\sim$ 的一个完全代表元系（complete set of representatives），$A/\sim$ 称为 A 的商集（quotient）.

分类是将原有集合化小的思想. 一个集合和它的等价类构成的集合（即它的商集）之间有着显然的自然联系.

命题 1.5.2 设 A 是一个非空集合，$\sim$ 是 A 上的一个等价关系，则
$$\pi : A \to A/\sim,$$
$$a \mapsto [a],$$
其中 $a \in A$，是一个满射. 这个映射也称为商映射（quotient mapping）或典型映射（canonical mapping）.

例 1.5.4 设 A 是一个含有 3 个元素的集合，则 A 上共有几个等价关系，有几种分类？

解：事实上，将 A 分成 1 个类的方法有 1 种；将 A 分成 2 个类的方法有 3 种，分别是 $\{\{1\}, \{2, 3\}\}$，$\{\{2\}, \{1, 3\}\}$ 及 $\{\{3\}, \{1, 2\}\}$；将 A 分成 3 个类的方法有 1 种.

A 中恰有 5 个等价关系，分别为：

(1) $\sim_1$：$A \times A$.

(2) $\sim_2$：$\{(1, 1), (2, 2), (3, 3), (2, 3), (3, 2)\}$.

(3) $\sim_3$：$\{(1, 1), (2, 2), (3, 3), (1, 3), (3, 1)\}$.

(4) $\sim_4$：$\{(1, 1), (2, 2), (3, 3), (1, 2), (2, 1)\}$.

(5) $\sim_5$：$\{(1, 1), (2, 2), (3, 3)\}$.

例 1.5.5 设 n 是一个正整数，x，$y \in \mathbf{Z}$. 用 $x \equiv y$ 表示 $x \equiv y(\bmod n)$，即 $n \mid (x - y)$，则 $\equiv$ 是 $\mathbf{Z}$ 的一个等价关系 [例 1.5.3(5)]. $\equiv$ 所决定的等价类称为模 n 的剩余类（residue classes of $\mathbf{Z}$ mod n），商集 $\mathbf{Z}/\equiv$ 通常记为 $\mathbf{Z}_n$ 或 $\mathbf{Z}/(n)$，即集合
$$\{[0], [1], \cdots, [n - 1]\},$$
其中，
$$\begin{cases} [0] = \{kn \mid k \in \mathbf{Z}\}, \\ [1] = \{kn + 1 \mid k \in \mathbf{Z}\}, \\ \cdots \\ [n - 1] = \{kn + (n - 1) \mid k \in \mathbf{Z}\}. \end{cases}$$

下面讨论另一种重要的关系：偏序关系. 整数集合上的自然序 [例 1.5.1(2)] 是一个常见的偏序，因此我们通常用 $\leqslant$ 表示一个集合 X 上的偏序，带有偏序 $\leqslant$ 的集合 X 称为偏序集（partially ordered set），记为 $(X, \leqslant)$.

设 $(X, \le)$ 是一个偏序集，x，$y \in X$. 我们用 $x < y$ 表示 $x \le y$ 且 $x \ne y$. 若 $x < y$，并且不存在 $a \in X$，满足 $x < a < y$，则称 y 是 x 的一个覆盖（cover）. 不难发现，整数集合上每两个元素间都可以比较大小，即

$$\forall x, y \in \mathbf{Z}, x \le y \text{ 或 } y \le x.$$

具有这种性质的序称为全序（total order）或线性序（linear order）. 偏序集 $(X, \le)$ 通常可以用直观的图［称为哈斯图（Hasse diagram）］来表示：X 中的元素用点表示；如果 y 是 x 的一个覆盖，就将 x 画在 y 的下方，并在 x 和 y 之间画一条线.

例 1.5.6 设偏序集如下：

（1）$\{1, 2, 3, 4, 5, 6\}$，偏序为小于等于关系；

（2）$\{1, 2, 3, 4, 5, 6\}$，偏序为整除关系；

（3）$P(\{1, 2, 3\})$，偏序为包含关系.

则它们的哈斯图如图 1.7 所示.

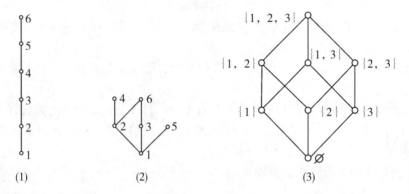

图 1.7 哈斯图

设 $(X, \le)$ 是一个偏序集，称 $g \in X$ 为 X 的最大元（greatest element），如果对任意的 $x \in X$，都有 $x \le g$. 称 $m \in X$ 为 X 的极大元（maximal element），如果 $m \le x$，有 $x = m$，其中 $x \in X$. 也就是说，最大元比所有元素都大，而没有元素比极大元大. 在全序集中，最大元与极大元的概念是统一的. 例 1.5.6（2）的偏序集中，没有最大元，而 4 与 6 都是极大元. 类似地，可以定义最小元（least element）和极小元（minimal element）.

下面我们来定义一个偏序集的上确界和下确界，继而引出格的概念.

定义 1.5.4 设 $(X, \le)$ 是一个偏序集，$H \subseteq X$，$a \in X$. 若对任意的 $h \in H$，都有 $h \le a$，则称 a 是 H 的一个上界（upper bound）.

设 a 是 H 的一个上界. 若对 H 的任意上界 b，都有 $a \le b$，则称 a 是 H 的最小上界（least upper bound）或上确界（supremum），记 $a = \sup H$ 或 $a = \bigvee H$.

类似地，我们可以定义 H 的下界（lower bound）及最大下界（greatest lower bound）［或下确界（infimum）］，并记 H 的下确界为 $\inf H$ 或 $\bigwedge H$.

事实上，如果一个偏序集的任意两个元都存在上确界和下确界，$\bigvee$ 与 $\bigwedge$ 就可以看作偏序集上的两个运算，这个偏序集称为格.

定义 1.5.5 设 $(L, \leqslant)$ 是一个偏序集. 若对任意的 a, $b \in L$, $\sup\{a, b\}$ 及 $\inf\{a, b\}$ 都存在, 则称 L 是一个格 (lattice). 我们通常记为

$$a \vee b = \sup\{a, b\},$$
$$a \wedge b = \inf\{a, b\}.$$

容易验证, 在例 1.5.6 中, (1) 和 (3) 中的偏序集都是格, 而 (2) 中的偏序集不是格. 在一个格中, 运算 $\vee$ 与 $\wedge$ 具有幂等性, 满足交换律、结合律和吸收律等.

命题 1.5.3 设 $(L, \leqslant)$ 是一个格, 则对任意的 a, b, $c \in L$, 都有

(1) 幂等性 (idempotency): $a \vee a = a$, $a \wedge a = a$.

(2) 交换律 (commutativity): $a \vee b = b \vee a$, $a \wedge b = b \wedge a$.

(3) 结合律 (associativity): $(a \vee b) \vee c = a \vee (b \vee c)$, $(a \wedge b) \wedge c = a \wedge (b \wedge c)$.

(4) 吸收律 (absorption): $a \vee (a \wedge b) = a$, $a \wedge (a \vee b) = a$.

证明: 我们只证明 (4), 其他的留给读者自己证明. 首先, 注意到以下事实: 如果 $a \leqslant b$, a, $b \in L$, 那么 $a \wedge b = a$, 反之也成立, 即

$$a \leqslant b \Leftrightarrow a \wedge b = a. \tag{1.1}$$

同样地, 我们有

$$a \leqslant b \Leftrightarrow a \vee b = b. \tag{1.2}$$

显然, $a \leqslant a \vee b$, 于是, 应用式 (1.1), 可以得到 $a \wedge (a \vee b) = a$; 而 $a \wedge b \leqslant a$, 应用式 (1.2), 可以得到 $a \vee (a \wedge b) = a$. $\qquad\square$

事实上, 我们也可以用以下命题来判定一个偏序集是否为格, 证明留给读者.

命题 1.5.4 一个偏序集 $(L, \leqslant)$ 是格当且仅当对 L 的任意有限非空子集合 H, 下确界 $\inf H$ 与上确界 $\sup H$ 都存在.

称一个格 $(L, \leqslant)$ 是完全格 (complete lattice), 如果对 L 的所有子集合 H, 下确界 $\inf H$ 与上确界 $\sup H$ 都存在. 例如, 任意闭区间 $[a, b] \subseteq \mathbf{R}$ 在数的大小关系下构成一个完全格, 而开区间 (a, b) 则不是完全格.

设 A 是一个集合, $E(A)$ 是 A 的所有等价关系的集合, ε_1, $\varepsilon_2 \in E(A)$. 若 $\varepsilon_1 \leqslant \varepsilon_2$ 当且仅当

$$\forall x, y \in A, \ x\varepsilon_1 y \Rightarrow x\varepsilon_2 y, \tag{1.3}$$

则 $(E(A), \leqslant)$ 是一个偏序集, 并且是一个完全格. $E(A)$ 上的两个运算 $\wedge$ 与 $\vee$ 由以下命题给出, 有兴趣的读者请自己证明.

命题 1.5.5 设 A 是一个集合, $E(A)$ 是 A 的所有等价关系的集合, 偏序关系定义见式 (1.3). 设 $\varepsilon_i \in E(A)$, $i \in I$, $I \neq \varnothing$, x, $y \in A$.

(1) 令 $x\varepsilon y$ 当且仅当

$$x\varepsilon_i y, \ \forall i \in I, \tag{1.4}$$

则 $\varepsilon \in E(A)$, 并且 $\varepsilon = \bigwedge_{i \in I} \varepsilon_i$.

(2) 令 $x\tilde{\varepsilon} y$ 当且仅当存在有限多个元素 z_0, z_1, $\cdots$, $z_n \in A$, 使 $x = z_0$, $y = z_n$, 并且对任意的 $1 \leqslant j \leqslant n$, 存在 $i_j \in I$, 满足

$$z_j \varepsilon_{i_j} z_{j-1}, \tag{1.5}$$

则 $\tilde{\varepsilon} \in E(A)$, 并且 $\tilde{\varepsilon} = \bigvee_{i \in I} \varepsilon_i$.

习　题　1.5

1. 判断例 1.5.1 与例 1.5.2 中哪些关系是等价关系，哪些关系是偏序关系，并给出证明.

2. 给出集合 $A = \{1, 2, 3, 4\}$ 上的全部等价关系及其对应的分类.

3. 在 $\mathbf{R}^{n \times n}$ 中，判断下面哪些关系是等价关系，并给出证明.

(1) $A \sim B \Leftrightarrow A$ 与 B 合同，即存在 $\mathbf{R}$ 上的非奇异矩阵 P，使 $B = P^{\mathrm{T}} A P$；

(2) $A \sim B \Leftrightarrow A$ 经过有限多次初等变换变为 B；

(3) $A \sim B \Leftrightarrow A$ 与 B 相似，即存在 $\mathbf{R}$ 上的非奇异矩阵 P，使 $B = P^{-1} A P$.

4. 设 $\sim$ 是集合 A 上的一个关系，满足自反性. 证明：$\sim$ 满足对称性及传递性当且仅当对任意的 $a, b, c \in A$，都有
$$a \sim b,\ a \sim c \Rightarrow b \sim c.$$

5. 在 $\mathbf{N} \times \mathbf{N}$ 上定义：
$$(a, b) \sim (c, d) \Leftrightarrow a + d = b + c,$$
其中，$+$ 是数的加法. 证明：$\sim$ 是一个等价关系.

6. 证明命题 1.5.4.

7. 在 $\mathbf{Z}$ 上定义关系 $\sim$ 如下：$a \sim b$ 当且仅当 $a + b$ 是一个偶数. 问：$\sim$ 是自反的、对称的、传递的吗？如果是，写出商集 $\mathbf{Z}/\sim$.

8. 设 S, T 是偏序集，在笛卡尔积 $S \times T$ 上定义关系：$(x, y) \leqslant (x', y')$ 当且仅当 $x \leqslant x'$ 且 $y \leqslant y'$. 证明：$\leqslant$ 是 $S \times T$ 的偏序，但不是全序（即使 S 与 T 都是全序集），除非 S 或 T 有一个是单点集，即只含有一个元素的集合.

9. 设 S, T 是偏序集，在笛卡尔积 $S \times T$ 上定义关系：$(x, y) \leqslant (x', y')$ 当且仅当 $x < x'$，或 $x = x'$ 且 $y \leqslant y'$. 证明：$\leqslant$ 是 $S \times T$ 的偏序；如果 S 与 T 都是全序集，那么 $\leqslant$ 也是全序 [这个偏序称为 $S \times T$ 的字典序（lexicographic order）].

1.6　同　余

通过第 1.5 节的学习，我们知道，利用等价关系可以对集合进行分类. 然而，在带了代数运算的集合（即代数）上，为了确保分类与代数运算相容，我们需要引入更强的概念：同余.

同余、商代数及同态的概念是密切相关的，在后面章节我们将会陆续看到它们的应用. 例如，由 Galois 于 19 世纪初引入的正规子群在定义群的商及群的同态和同构基本定理中发挥了重要的作用，而后者又是群论发展的基础. Dedekind 在 19 世纪中后期引入的理想在商环的定义及环的同态和同构基本定理中扮演着与正规子群类似的角色. 考虑到这些结论的平行性，我们希望寻求一种具有共性的描述方式，而同余就是这些概念的统一表达.

先来看一个例子. 例 1.5.3(5) 中，模 n 同余关系 $\equiv$ 是 $\mathbf{Z}$ 上的等价关系. 设 x,

y, $z \in Z$, 且 $x \equiv y$, 则
$$n \mid (x - y) \Rightarrow n \mid [(x + z) - (y + z)], \ n \mid (xz - yz),$$
即有
$$x + z \equiv y + z, \ xz \equiv yz.$$

我们说, $\equiv$ 与 $\mathbf{Z}$ 上的 $+$ 与 $\cdot$ 运算是相容性的, 从而是 ($\mathbf{Z}$, $+$, $\cdot$) 上的一个同余关系. 一般地, 我们有以下定义.

定义 1.6.1 设 (A, Ω) 是一个代数, ρ 是 A 上的一个关系. 若 ρ 是一个等价关系, 并且满足相容性 (compatibility property): 对任意的 $\omega_n \in \Omega$, 如果 $a_i \, \rho \, b_i$, a_i, $b_i \in A$, $i = 1, 2, \cdots, n$, 必有
$$\omega_n(a_1, a_2, \cdots, a_n) \ \rho \ \omega_n(b_1, b_2, \cdots, b_n),$$
则称 ρ 是 A 上的一个同余 (congruence).

显然, 每个代数 (A, Ω) 上都有两个平凡同余, 即 A 的恒等同余
$$\varepsilon_A = \{(a, a) \mid a \in A\},$$
及泛同余
$$\omega_A = A \times A.$$

设 (A, $\cdot$) 是一个代数, $\cdot$ 是 A 上的二元运算, ρ 是 A 上的等价关系. 若
$$\forall a, b, c \in A, \ a \, \rho \, b \Rightarrow ac \, \rho \, bc, \ ca \, \rho \, cb,$$
则 ρ 就是 A 上的同余, 此时也称 ρ 关于 A 上的运算是相容的 (compatible). 我们也可以用其他等价条件来判定这类特殊代数上的同余.

命题 1.6.1 设 (A, $\cdot$) 是一个代数, $\cdot$ 是 A 上的二元运算, ρ 是 A 上的等价关系, 则 ρ 是 A 上的同余当且仅当
$$\forall a, b, c, d \in A, \ a \, \rho \, b, \ c \, \rho \, d \Rightarrow ac \, \rho \, bd.$$

证明: 事实上, 由同余的定义知, 若 $a \, \rho \, b$, $c \, \rho \, d$, 则有 $ac \, \rho \, bc$ 及 $bc \, \rho \, bd$. 再由等价关系的传递性即可得 $ac \, \rho \, bd$. □

命题 1.6.2 设 $f : (A, \cdot) \to (B, \circ)$ 是一个代数同态, $\cdot$ 与 $\circ$ 是两个二元运算, 则 $\ker f$ 是 A 上的同余.

证明: 我们已经知道 $\ker f$ 是 A 上的等价关系, 下面证明 $\ker f$ 关于运算是相容的. 设 (a, b), (c, d) $\in \ker f$, 则有 $f(a) = f(b)$, $f(c) = f(d)$, 从而
$$f(ac) = f(a) \circ f(c) = f(b) \circ f(d) = f(bd),$$
即 (ac, bd) $\in \ker f$. 由命题 1.6.1 知 $\ker f$ 是 A 上的同余. □

显然, 对于代数 (A, Ω) 上的同余 ρ, ρ 的相容性是将商集 A/ρ 引入代数结构的条件, 它使商集 A/ρ 继承了原代数 A 的结构. 以二元运算的相容性为例, 图 1.8 表示 (A, $\cdot$), 其中 $\cdot$ 是二元运算, 关于同余 ρ 的等价类. 假若 a, b 在同一个等价类, a', b' 在同一个等价类, 我们希望 aa' 与 bb' 在同一个等价类.

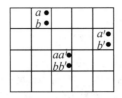

图 1.8：$(A/\rho, \cdot)$

更一般地，对于一个代数 (A, Ω) 及它的一个同余 ρ，我们可以在它的商集
$$A/\rho = \{[a]_\rho \mid a \in A\}$$
上定义运算：对任意的 $\omega_n \in \Omega$，$a_i \in A$，$i = 1, 2, \cdots, n$，$n \in \mathbf{N}$，有
$$\omega_n([a_1]_\rho, [a_2]_\rho, \cdots, [a_n]_\rho) = [\omega_n(a_1, a_2, \cdots, a_n)]_\rho, \qquad (1.6)$$
则可以得到一个与 A 同型的商代数（quotient algebra）：$(A/\rho, \Omega)$. 事实上，如果
$$[a_i]_\rho = [b_i]_\rho, \quad a_i, b_i \in A, \quad i = 1, 2, \cdots, n,$$
即
$$a_i \rho b_i, \quad i = 1, 2, \cdots, n,$$
那么由相容性可知，对任意的 $\omega_n \in \Omega$，有
$$\omega_n(a_1, a_2, \cdots, a_n) \rho \, \omega_n(b_1, b_2, \cdots, b_n),$$
从而式(1.6)是良好定义的.

如果 A 是具有一个二元运算的代数，我们可以得到以下命题.

命题 1.6.3 设 $(A, \cdot)$ 是一个代数，$\cdot$ 是 A 上的二元运算，ρ 是 A 的一个同余.
对任意的 $[a]$，$[b] \in A/\rho$，令
$$[a] \circ [b] = [a \cdot b]. \qquad (1.7)$$
则 $\circ$ 是 A/ρ 上的一个二元运算，并且对任意的 $a \in A$，商映射 $\pi: A \to A/\rho$，$\pi(a) = [a]$ 是一个自然满态（canonical epimorphsm），满足 $\ker\pi = \rho$.

证明： 我们来证明 $\ker\pi = \rho$. 事实上，我们有
$$(a, b) \in \rho \Leftrightarrow [a] = [b]$$
$$\Leftrightarrow \pi(a) = \pi(b)$$
$$\Leftrightarrow (a, b) \in \ker\pi. \qquad \square$$

反过来，式(1.7)定义的 A 的商集上的二元运算可以诱导出 A 上的一个同余关系.

定理 1.6.1 设 $(A, \cdot)$ 是一个代数，$\cdot$ 是 A 上的二元运算，$\sim$ 是 A 上的等价关系. 在 $A/\sim$ 上定义：
$$[a] \circ [b] = [a \cdot b], \quad \forall a, b \in A,$$
则 $\circ$ 是 $A/\sim$ 的二元运算当且仅当 $\sim$ 是 A 上的同余.

证明： 充分性由命题 1.6.3 给出，只需证明必要性. 设 $a, b, c, d \in A$，满足 $a \sim b$，$c \sim d$，则 $[a] = [b]$，$[c] = [d]$，并且
$$[a \cdot c] = [a] \circ [c] = [b] \circ [d] = [b \cdot d],$$
因此，$ac \sim bd$. 由命题 1.6.1 可得，$\sim$ 是 A 上的同余. $\square$

例 1.6.1　写出 $\mathbf{Z}_4$ 的加法与乘法表.

解：由命题 1.6.3，我们可以定义 $\mathbf{Z}_4$ 的加法与乘法分别为

$$[a] + [b] = [a + b], \ [a] \cdot [b] = [ab].$$

因此，$\mathbf{Z}_4$ 的加法表为

+	[0]	[1]	[2]	[3]
[0]	[0]	[1]	[2]	[3]
[1]	[1]	[2]	[3]	[0]
[2]	[2]	[3]	[0]	[1]
[3]	[3]	[0]	[1]	[2]

乘法表为

·	[0]	[1]	[2]	[3]
[0]	[0]	[0]	[0]	[0]
[1]	[0]	[1]	[2]	[3]
[2]	[0]	[2]	[0]	[2]
[3]	[0]	[3]	[2]	[1]

给定一个代数 (A, Ω)，我们将 A 上所有的同余关系组成的集合记为 $\mathrm{Con}(A)$，即

$$\mathrm{Con}(A) = \{\rho \subseteq A \times A \mid \rho \text{ 是 } A \text{ 的同余}\},$$

则 $\mathrm{Con}(A)$ 关于包含关系：

$$\rho \subseteq \tau \text{ 当且仅当 } (a, b) \in \rho \Rightarrow (a, b) \in \tau,$$

其中，$\rho, \tau \in \mathrm{Con}(A)$，构成一个偏序集. 事实上，$(\mathrm{Con}(A), \subseteq)$ 是一个格，并且是完全格，其运算 $\wedge$ 与 $\vee$ 由以下命题给出（参考命题 1.5.5）.

命题 1.6.4　设 (A, Ω) 是一个代数，$\rho_i (i \in I)$ 是 A 的同余，则

(1) $\cap_{i \in I} \rho_i$ 也是 A 的同余，并且 $\wedge_{i \in I} \rho_i = \cap_{i \in I} \rho_i$；

(2) $\vee_{i \in I} \rho_i \in \mathrm{Con}(A)$，其中，$\vee_{i \in I} \rho_i$ 是由式(1.5) 所确定的等价关系.

习　题　1.6

1. 在 $\mathbf{N}^* \times \mathbf{N}^*$ 上定义一个二元运算：

$$(a, b) \circ (c, d) = (a \cdot c, b \cdot d), \tag{1.8}$$

其中，· 是数的乘法，以及一个关系：

$$(a, b) \sim (c, d) \Leftrightarrow ad = bc. \tag{1.9}$$

证明：$\sim$ 是一个同余关系.

2. 将第 1 题中的集合 $\mathbf{N}^* \times \mathbf{N}^*$ 改为 $\mathbf{N} \times \mathbf{N}$，在 $\mathbf{N} \times \mathbf{N}$ 上定义如式(1.8) 的运

算，及式(1.9)的关系，那么关系 ~ 是 $\mathbf{N} \times \mathbf{N}$ 上的同余关系吗？

3. 设 $(L, \leqslant, \wedge, \vee)$ 是一个格，并且是一个链，即 L 是一个全序集。令 ρ 是 L 的一个等价关系，满足

$$\forall a, b, c \in L, a \rho b, a \leqslant c \leqslant b \Rightarrow a \rho c.$$

证明：ρ 是 L 的同余。

4. （1）写出 $(\mathbf{Z}_4, +)$ 上的所有等价关系，并指出哪些是 $(\mathbf{Z}_4, +)$ 上的同余关系；

（2）写出 $(\mathbf{Z}_4, \cdot)$ 上的所有等价关系，并指出哪些是 $(\mathbf{Z}_4, \cdot)$ 上的同余关系；

（3）写出 $(\mathbf{Z}_4, +, \cdot)$ 上的所有等价关系，并指出哪些是 $(\mathbf{Z}_4, +, \cdot)$ 上的同余关系。

5. 写出 $\mathbf{Z}_6$ 的加法表与乘法表。

第 2 章 群   论

我们知道，一个代数是指一个非空集合及其带有的若干有限元运算. 本书主要研究具有若干二元运算的代数结构，这些二元运算如果满足一些重要的性质，会相应地得到半群、群、环、域等不同的代数结构. 最简单的代数结构为半群（semigroup），是指一个非空集合 S，带有一个二元运算 $\cdot$，通常称为乘法，并且 $(S, \cdot)$ 满足结合律，即

$$(a \cdot b) \cdot c = a \cdot (b \cdot c), \quad \forall a, b, c \in S.$$

在不产生歧义的情形下，通常记 $a \cdot b$ 为 ab. 若 $(S, \cdot)$ 含有单位元，则称 S 是一个幺半群（monoid）. 下面是一些常见的半群的例子：

（1）整数集合、有理数集合、实数集合、复数集合关于数的乘法（或加法）都构成半群；

（2）一个由非空集合上所有的变换组成的集合关于映射的合成构成一个半群；

（3）复数域上所有 n 阶方阵组成的集合关于矩阵的乘法（或加法）构成一个半群.

事实上，上面例子中的半群也是幺半群. 比如（2）中，设 A 是一个非空集合，$M(A)$ 是 A 上所有变换的集合，则 $M(A)$ 的单位元是 A 的恒等变换 id_A. 在幺半群 $M(A)$ 中，既有可逆元，也有不可逆元，比如 A 上任意一个一一变换 f 都存在逆元 f^{-1}，而非一一变换都没有逆元. 如果一个幺半群的每个元素都是可逆的，这个幺半群就称为群. 本章主要研究群的基本性质和结构.

2.1 群 的 概 念

定义 2.1.1 设 $(G, \cdot)$ 是一个幺半群，若 G 中每个元素都有逆元，则称 G 是一个群（group）.

设 $(A, \cdot)$ 是一个满足结合律的代数，$\cdot$ 是一个二元运算. 若 A 有单位元，则单位元必唯一；若元素 $a \in A$ 有逆元，则 a 的逆也唯一（习题 1.3 第 4 题）. 由此，我们可以立即得到以下命题.

命题 2.1.1 设 $(G, \cdot)$ 是一个群，则 G 的单位元唯一，且 G 中每个元素的逆元也唯一.

一般地，我们用 e 表示群 G 的单位元，用 a^{-1} 表示元 $a \in G$ 的逆元. 若 $(G, \cdot)$ 满足交换律，则称 G 是一个交换群（commutative group），也称为加群（additive group）或阿贝尔群（Abelian group）；此时 G 的单位元也称为零元（zero element），记为 0，元素 a 的逆元称为负元（negative），记为 $-a$. 下面我们给出一些常见群的例子.

例 2.1.1 （1）$(\mathbf{Z}, +)$，$(\mathbf{Q}, +)$，$(\mathbf{R}, +)$，$(\mathbf{C}, +)$ 都是加群，零元为数字 0.

值得注意的是，在加群中，xy 将用 $x+y$ 表示，x^m 表示为 $x+x+\cdots+x=mx$.

（2）$(\mathbf{Q}^*,\cdot)$，$(\mathbf{R}^*,\cdot)$，$(\mathbf{C}^*,\cdot)$ 都是交换群，1 是它们的单位元，每个元素 x 的逆元为它的倒数 $\dfrac{1}{x}$.

例 2.1.2 设 F 是一个数域，则

（1）$(F^{n\times n},+)$ 是一个加群，其零元为 n 阶零矩阵，$A\in F^{n\times n}$ 的负元为 $-A$.

（2）令 $GL_n(F)=\{A\in F^{n\times n}\mid\det(A)\neq 0\}$，则 $GL_n(F)$ 关于矩阵的乘法运算构成一个群，称为 F 上的一般线性群（general linear group），其单位元为 n 阶单位矩阵，$A\in GL_n(F)$ 的逆元为逆矩阵 A^{-1}. 当 $n>1$ 时，$GL_n(F)$ 是非交换群.

（3）设 A 是一个非空集合，则 A 上所有一一变换关于映射的合成，即变换乘法，构成一个群，记为 $S(A)$. 称 $S(A)$ 为 A 上的对称群（symmetric group on A），其单位元为 A 的恒等变换 id_A，$f\in S(A)$ 的逆元为 f 的逆变换 f^{-1}.

在不引起混淆的情况下，如果已知群的运算，也可以只用集合符号表示群. 例如，群 $(\mathbf{Z},+)$，$(\mathbf{Q},+)$，$(\mathbf{R},+)$，$(\mathbf{C},+)$ 也可以相应地记为 $\mathbf{Z}$，$\mathbf{Q}$，$\mathbf{R}$，$\mathbf{C}$. 由于 $\mathbf{Z}$，$\mathbf{Q}$，$\mathbf{R}$，$\mathbf{C}$ 在数的乘法运算下都不会构成群，因此这种记法不会产生歧义.

例 2.1.3 例 1.4.2 中同构的两个代数，都是含有四个元素的交换群，其中，$G=\{e,a,b,c\}$，乘法定义如下：

·	e	a	b	c
e	e	a	b	c
a	a	e	c	b
b	b	c	e	a
c	c	b	a	e

则 e 是 G 的单位元，并且
$$a^2=b^2=c^2=e,\quad ab=ba=c,\quad ac=ca=b,\quad bc=cb=a.$$
称群 G 为 Klein 四元群（Klein four-group）. 事实上，Klein 四元群是矩形 $ABCD$ 的对称群（见第 2.7 节），其中 e 是恒等变换，a 和 b 分别为沿水平轴和垂直轴的反射，c 为沿中心的旋转（180°），如图 2.1 所示.

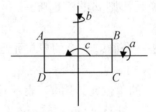

图 2.1 矩形的对称

按照群中元素的个数，我们可以把群分为两大类：无限群和有限群. 例 2.1.1 和

例 2.1.2 中的群是无限集，称为无限群（infinite group）；例 2.1.3 中的群是有限集，称为有限群（finite group），群 G 中所含元素的个数称为群的阶（order），记为 $|G|$.

下面，我们介绍群中元素的一些性质. 设 $(G, \cdot)$ 是一个群，$a \in G$，$n \in \mathbf{Z}$. 定义

$$a^n = \begin{cases} \underbrace{aa \cdots a}_{n\text{个}}, & n > 0, \\ e, & n = 0, \\ (a^{-1})^{-n}, & n < 0. \end{cases} \quad (2.1)$$

若 $(G, +)$ 是一个加群，则 a^n 相应地表示为 na，因此有

$$na = \begin{cases} \underbrace{a + a + \cdots + a}_{n\text{个}}, & n > 0, \\ 0, & n = 0, \\ (-n)(-a), & n < 0. \end{cases}$$

注意，符号 na 不表示 n 与 a 相乘，因为在 $\mathbf{Z}$ 与 G 之间，并没有定义乘法运算. 例如，在 $(\mathbf{Z}_4, +)$ 中，$2[2] = [2] + [2] = [4] = 0$.

命题 2.1.2　设 $(G, \cdot)$ 是一个群，a，b，$c \in G$，m，$n \in \mathbf{Z}$，则以下结论成立：

（1）若 $ab = ac$，则有 $b = c$；若 $ba = ca$，则有 $b = c$. 因此，消去律成立.

（2）若 $cc = c$，则有 $c = e$.

（3）$(a^{-1})^{-1} = a$.

（4）$(ab)^{-1} = b^{-1}a^{-1}$.

（5）$(a^{-1})^n = (a^n)^{-1} = a^{-n}$.

（6）$a^{m+n} = a^m a^n$.

（7）$(a^m)^n = a^{mn}$.

证明：（1）任取 a，b，$c \in G$，若 $ab = ac$，则 $a^{-1}(ab) = a^{-1}(ac)$，即 $(a^{-1}a)b = (a^{-1}a)c$，故 $b = c$，从而左消去律成立. 右消去律类似可证.

（2）$cc = c = ce$，再由 G 满足消去律知，$c = e$.

（3）任取 $a \in G$，由 $a^{-1}a = aa^{-1} = e$ 可得 $(a^{-1})^{-1} = a$.

（4）设 a，$b \in G$，由结合律和逆元的定义可得 $(b^{-1}a^{-1})(ab) = b^{-1}(a^{-1}a)b = b^{-1}eb = b^{-1}b = e$. 同理得 $(ab)(b^{-1}a^{-1}) = e$. 故 $(ab)^{-1} = b^{-1}a^{-1}$.

（5）当 $n \geq 0$ 时，对 n 用数学归纳法可证（练习）；当 $n < 0$ 时，应用式 (2.1) 和（3）立即可得.

（6）和（7）可用数学归纳法证明，留作练习.　　　　　　　　　　□

例 2.1.4　在 $\mathbf{Z}_n$ 中定义：

$$[a] + [b] = [a + b], \quad \forall [a], [b] \in \mathbf{Z}_n, \quad (2.2)$$

则 $(\mathbf{Z}_n, +)$ 是一个阶为 n 的加群，称为模 n 的剩余类加群（additive group of modulo n）.

证明：我们首先证明式 (2.2) 的定义是合理的，即证：若 $[a]$，$[a_1]$，$[b]$，$[b_1] \in \mathbf{Z}_n$，满足 $[a] = [a_1]$，$[b] = [b_1]$，则有 $[a + b] = [a_1 + b_1]$. 事实上，由 $[a] = [a_1]$，$[b] = [b_1]$ 可知 $n \mid (a - a_1)$ 且 $n \mid (b - b_1)$，从而

$$n \mid [(a + b) - (a_1 + b_1)],$$

即 $[a + b] = [a_1 + b_1]$.

其次，任取 $[a]$，$[b]$，$[c] \in \mathbf{Z}_n$，由

$$([a] + [b]) + [c] = [(a + b) + c] = [a + (b + c)] = [a] + ([b] + [c])$$

及

$$[a] + [b] = [a + b] = [b + a] = [b] + [a]$$

可得 $\mathbf{Z}_n$ 满足结合律及交换律. 易见，$[0]$ 为 $\mathbf{Z}_n$ 的零元，元素 $[a] \in \mathbf{Z}_n$ 的负元为 $[-a]$. 故 $(\mathbf{Z}_n, +)$ 构成一个加群. □

在一个群中，元素的阶是一个重要的概念，它是用单位元给出的.

定义 2.1.2 设 $(G, \cdot)$ 是一个群，$a \in G$，使

$$a^n = e \tag{2.3}$$

成立的最小正整数 n 叫作元素 a 的阶（order），记作 $|a|$. 若满足式(2.3)的正整数不存在，则称 a 是无限阶的.

容易证明，一个群中，单位元的阶是 1，且反之也成立，即阶为 1 的元素必是单位元.

例 2.1.5 （1）在整数加群 $(\mathbf{Z}, +)$ 中，所有非零元的阶都是无限的.

（2）在非零有理数乘群 $(\mathbf{Q}^*, \cdot)$ 中，1 的阶是 1，-1 的阶是 2，其余元素都是无限阶的.

（3）在 $(\mathbf{Z}_6, +)$ 中，元素 $[0]$，$[1]$，$[2]$，$[3]$，$[4]$，$[5]$ 的阶依次为 1，6，3，2，3，6. 例如，$2[3] = [3] + [3] = [6] = [0]$，且 2 是使 $n[3] = [0]$ 的最小正整数，从而 $[3]$ 的阶为 2.

命题 2.1.3 设 $(G, \cdot)$ 是一个群，$a, b \in G$，$n \in \mathbf{N}^*$，则下面结论成立：

（1）$a^n = e$ 当且仅当 a 的阶整除 n；

（2）$|a| = |a^{-1}|$；

（3）$a^2 = e$ 当且仅当 $a = a^{-1}$；

（4）$|a| = |bab^{-1}|$.

证明：（1）充分性. 设 $|a| = k$，且 $n = km$，$m \in \mathbf{N}^*$，则

$$a^n = (a^k)^m = e^m = e.$$

必要性. 由已知可得 a 的阶有限，设为 k，令 $n = kq + r$，其中 $q, r \in \mathbf{Z}$，且 $r = 0$ 或 $0 < r < k$. 由于

$$e = a^n = a^{kq+r} = (a^k)^q a^r = ea^r = a^r,$$

因此 $r = 0$，从而 $n = kq$. 故 $k \mid n$.

（2）设 a 的阶有限，由元素的阶的定义得 $a^{|a|} = e$，故

$$(a^{-1})^{|a|} = (a^{|a|})^{-1} = e^{-1} = e.$$

因此，$|a^{-1}| \mid |a|$. 同理得，$|a| \mid |a^{-1}|$. 因此，$|a| = |a^{-1}|$.

若 a 的阶无限，则 a^{-1} 的阶也无限. 否则，由上面证明知，a 的阶有限，矛盾.

（3）显然成立.

（4）对任意 $n \in \mathbf{N}$，有

$$a^n = e \Leftrightarrow ba^n b^{-1} = e \Leftrightarrow (bab^{-1})^n = e.$$

因此，由阶的定义知，a 与 bab^{-1} 有相同的阶（无限大或非负整数）. □

定理 2.1.1 设 G 是一个群，$a \in G$，$|a| = n$，则对任意的 $k \in \mathbf{Z}$，有

$$|a^k| = \frac{n}{(k, n)},$$

其中，(k, n) 表示 k 与 n 的正的最大公因子.

证明： 设 $(k, n) = d$，且 $k = dk_1$，$n = dn_1$，$(k_1, n_1) = 1$. 由于 $|a| = n$，故

$$(a^k)^{n_1} = a^{k_1 dn_1} = (a^n)^{k_1} = e.$$

假若 $(a^k)^m = e$，$m \in \mathbf{N}^*$，由命题 2.1.3(1) 知 $n|km$，即 $n_1 | k_1 m$. 但 $(n_1, k_1) = 1$，故 $n_1 | m$，即 $m = n_1$ 是使 $(a^k)^m = e$ 的最小正整数. 因此，

$$|a^k| = n_1 = \frac{n}{(k, n)}.$$ □

由定理 2.1.1，可以得到以下推论.

推论 2.1.1 设 G 是一个群，$a \in G$，n，$k \in \mathbf{N}^*$，$|a| = n$，则 $|a^k| = n$ 当且仅当 $(k, n) = 1$.

推论 2.1.2 在群 G 中设 $|a| = mn$，m，$n \in \mathbf{N}^*$，则

$$|a^m| = n.$$

最后，我们介绍一下群同态的概念和例子. 设 $(G, \cdot)$，$(H, \circ)$ 是两个群，$f: G \to H$ 是一个映射. 若 f 保持运算，即

$$f(a \cdot b) = f(a) \circ f(b), \quad \forall a, b \in G,$$

则称 f 是 G 到 H 的一个群同态（homomorphism of groups），简称同态. 若同态 f 是一个单射，则称 f 是一个单同态；若同态 f 是一个满射，则称 f 是一个满同态；若同态 f 是一个双射，则称 f 是一个群同构（isomorphism of groups），也称群 G 与 H 是同构的，记为 $G \cong H$.

由第 1 章关于代数同态的讨论可知：群同态保持单位元和逆元，并且借助同态核与同态像可以刻画单同态与满同态.

推论 2.1.3 设 $(G, \cdot)$，$(\tilde{G}, \circ)$ 是两个群，e，$\tilde{e}$ 分别为 G，$\tilde{G}$ 的单位元，$f: (G, \cdot) \to (\tilde{G}, \circ)$ 是一个同态，则以下结论成立：

（1）$f(e) = \tilde{e}$；

（2）对任意的 $a \in G$，$(f(a))^{-1} = f(a^{-1})$；

（3）f 为单态当且仅当 $\mathrm{Ker} f = \{e\}$；

（4）f 为满态当且仅当 $\mathrm{Im} f = \tilde{G}$.

下面我们来看几个常见的群同态.

例 2.1.6 （1）设 G，H 是两个群，$\tilde{e}$ 是 H 的单位元，则映射 $\theta: G \to H$，$\theta(x) = \tilde{e}$，$x \in G$ 是一个群同态，并且 $\mathrm{Ker} \theta = G$.

（2）设 G 是一个群，则恒等映射 id_G 是 G 的一个自同构.

（3）映射 $\phi: (R^+, \cdot) \to (R, +)$，$\phi(x) = \lg x$，$x \in \mathbf{R}^+$ 是一个同构.

（4）设 G 是一个群，$a \in G$. 在 G 上定义映射 $I_a: G \to G$ 为

$$I_a(x) = axa^{-1}, \ \forall x \in G.$$

由于对任意的 x, $y \in G$, 有

$$I_a(xy) = axya^{-1} = (axa^{-1})(aya^{-1}) = I_a(x)I_a(y),$$

因此, I_a 是一个同态. 若

$$I_a(x) = axa^{-1} = aya^{-1} = I_a(y),$$

则由 G 满足消去律知 $x = y$, 从而 I_a 是一个单射. 而对任意的 $x \in G$, 有

$$x = a(a^{-1}xa)a^{-1} = I_a(a^{-1}xa),$$

表明 I_a 是一个满射. 故 I_a 是 G 的一个自同构, 我们称之为 G 的一个（由 a 决定的）内自同构（inner automorphism）.

习 题 2.1

1. 设 $A = \{a, b\}$. 在 A 上定义运算如下:

·	a	b
a	a	b
b	b	b

证明: A 是一个幺半群, 但不是群. 说明群的哪些规则在 A 中成立, 哪些不成立. 如果 $A = \{1, a, b\}$, 乘法表为

·	1	a	b
1	1	a	b
a	a	a	b
b	b	a	b

上述问题应该如何解答?

2. 在 $\mathbf{Z}_n$ 中定义:

$$[a] \cdot [b] = [ab], \ \forall [a], [b] \in \mathbf{Z}_n.$$

(1) 证明: $(\mathbf{Z}_n, \cdot)$ 是一个幺半群.

(2) 写出 $\mathbf{Z}_{10}$ 的乘法表, 并找出 $\mathbf{Z}_{10}$ 的所有可逆元.

(3) 设 $[a] \in \mathbf{Z}_n$, 并且 $[a] \neq [0]$. 证明: $[a]$ 可逆当且仅当 a 与 n 互素.

(4) 令

$$U_{\mathbf{Z}_n} = \{[a] \in \mathbf{Z}_n \setminus \{[0]\} \mid a \ 与 \ n \ 互素\}.$$

证明: $U_{\mathbf{Z}_n}$ 是一个群.

(5)（费马小定理）设 p 是一个素数, $a \in \mathbf{Z}$, 但 $p \nmid a$. 则 $p \mid (a^{p-1} - 1)$, 即

$$a^{p-1} \equiv 1 \pmod{p}.$$

3. 设 F 是一个数域. 令

$$SL_n(F) = \{A \in GL_n(F) \mid \det(A) = 1\}.$$

证明：$SL_n(F)$ 关于矩阵乘法构成一个群，称为 F 上的特殊线性群（special linear group）.

4. 设 a，b 是群 G 中的元素，$|a| = m$，$|b| = n$，$ab = ba$，且 $(m, n) = 1$，则
$$|ab| = mn.$$

5. 在 $GL_2(F)$ 中，设 $A = \begin{pmatrix} 1 & 2 \\ 0 & -2 \end{pmatrix}$，$B = \begin{pmatrix} 1 & 0 \\ 0 & \frac{1}{2} \end{pmatrix}$. 求 A，B 及 AB 的阶.

6. （1）令 $G = \{1, i, j, k, -1, -i, -j, -k\}$. 定义 G 中乘法为

$\cdot$	1	i	j	k
1	1	i	j	k
i	i	-1	k	$-j$
j	j	$-k$	-1	i
k	k	j	$-i$	-1

且对任意的 x，$y \in \{1, i, j, k\}$，都有
$$(-x)y = x(-y) = -xy, \quad -(-x) = x.$$
证明：$(G, \cdot)$ 是一个群，称之为四元数群（quaternion group）.

（2）证明以下矩阵关于矩阵乘法构成一个 8 阶的非交换群：
$$\begin{pmatrix} 1 & 0 \\ 0 & 1 \end{pmatrix}, \begin{pmatrix} \sqrt{-1} & 0 \\ 0 & -\sqrt{-1} \end{pmatrix}, \begin{pmatrix} 0 & 1 \\ -1 & 0 \end{pmatrix}, \begin{pmatrix} 0 & \sqrt{-1} \\ \sqrt{-1} & 0 \end{pmatrix},$$
$$\begin{pmatrix} -1 & 0 \\ 0 & -1 \end{pmatrix}, \begin{pmatrix} -\sqrt{-1} & 0 \\ 0 & \sqrt{-1} \end{pmatrix}, \begin{pmatrix} 0 & -1 \\ 1 & 0 \end{pmatrix}, \begin{pmatrix} 0 & -\sqrt{-1} \\ -\sqrt{-1} & 0 \end{pmatrix}.$$

进一步证明：$a^4 = e$，$b^2 = a^2$，$b^{-1}ab = a^3$，其中
$$e = \begin{pmatrix} 1 & 0 \\ 0 & 1 \end{pmatrix}, \quad a = \begin{pmatrix} \sqrt{-1} & 0 \\ 0 & -\sqrt{-1} \end{pmatrix}, \quad b = \begin{pmatrix} 0 & \sqrt{-1} \\ \sqrt{-1} & 0 \end{pmatrix}.$$

（3）证明：上述两个群是同构的.

7. 设 $\varepsilon \in \mathbf{C}$ 是一个 n 次本原根，即 $\varepsilon^n = 1$ 且对任意正整数 $m < n$ 有 $\varepsilon^m \neq 1$. 记
$$U_n = \{1, \varepsilon, \varepsilon^2, \cdots, \varepsilon^{n-1}\}.$$
证明：$(U_n, \cdot)$ 构成一个群，称为 n 次单位根群（the group of complex nth roots of 1）.

8. 设 G 是一个有限半群. 证明：G 构成群的充要条件是 G 中消去律成立.

9. 定义 $f: (\mathbf{Z}, +) \to (\mathbf{Z}_n, +)$ 为 $f(x) = [x]$，$x \in \mathbf{Z}$. 证明 f 是一个加群同态，并求 $\mathrm{Ker} f$ 及 $\mathrm{Im} f$.

10. 试写出例 2.1.6（3）和（4）中各同态映射的核，以及（1）至（4）中各同态映射的像.

11. *证明：$(\mathbf{Z}, +)$，$(\mathbf{Q}, +)$，$(\mathbf{R}, +)$ 两两不同构.

12. 设 $(G, \cdot)$ 是一个半群, 则 $(G, \cdot)$ 是一个群当且仅当下面两个条件成立:

(1) 存在 $\bar{e} \in G$, 使 $\bar{e}a = a$ 对任意 $a \in G$ 成立 (称 $\bar{e}$ 为 G 的一个左单位元);

(2) 对任意的 $a \in G$, 存在 $b \in G$, 使 $ba = \bar{e}$ (称 b 为 a 的关于 $\bar{e}$ 的一个左逆元).

类似地, 我们可以得到一个半群 G 构成群的充要条件: G 有一个右单位元, 并且 G 中每个元素关于这个右单位元有一个右逆元.

13. 设 $(G, \cdot)$ 是一个半群, 则 $(G, \cdot)$ 是一个群当且仅当对任意的 a, $b \in G$, 方程 $ax = b$ 及 $ya = b$ 在 G 中都有解.

14. (1) 写出半群同态的定义.

(2) 设 $(S, \cdot)$ 是一个幺半群, $a \in S$. 定义
$$f_a(x) = ax, \ \forall x \in S.$$
令
$$G = \{f_a \mid a \in S\}.$$
证明: G 关于映射合成运算构成一个幺半群, 且 G 与 S 是半群同构的.

15. 设 G_1, $\cdots$, G_n 是一族群. 在笛卡尔积 $G_1 \times \cdots \times G_n$ 上定义二元运算如下:
$$(g_1, \cdots, g_n)(g'_1, \cdots, g'_n) = (g_1 g'_1, \cdots, g_n g'_n),$$
其中, g_i, $g'_i \in G_i$, $1 \leqslant i \leqslant n$. 证明: $G_1 \times \cdots \times G_n$ 关于如上 "逐点" 定义的二元运算构成一个群, 通常称为群 G_i $(1 \leqslant i \leqslant n)$ 的直积 (direct product), 记为 $\prod_{i=1}^{n} G_i$.

16. 设 X 是一个非空集合. 令
$$E(X) = \{f \mid f \text{ 是 } X \text{ 的变换}\}$$
及
$$S(X) = \{f \mid f \text{ 是 } X \text{ 的一一变换}\}.$$
证明: $E(X)$ 关于映射的合成运算构成一个幺半群, $S(X)$ 关于映射的合成运算构成一个群.

17. 设 G 是一个有限半群. 证明: 存在 $e \in G$, 使 $e = e^2$.

18. *设 G 是一个半群. 证明: G 是一个群当且仅当对任意的 $a \in G$, 都存在唯一的 $a^\star \in G$, 使 $aa^\star a = a$.

19. 证明: 群 G 是交换群当且仅当映射 $f: G \to G$, $f(x) = x^{-1}$, $x \in G$ 是一个同态.

20. 设 x, y 是群 G 的任意元. 证明: $|xy| = |yx|$.

21. 设 G 是一个群, a, $b \in G$, 满足 $ab = ba$. 设 $|a| = m$, $|b| = n$. 证明:

(1) 若 $(m, n) = 1$, 则 $|ab| = mn$;

(2) 存在 $c \in G$, 使 $|c|$ 是 m 与 n 的最小公倍数.

2.2　子　　群

在数学中, 我们常用从局部到整体的方法研究某个对象. 比如, 在讨论集合时, 引入子集的概念; 在研究线性空间时, 引入子空间的概念. 类似地, 在研究群的性质

时，也常常要了解群的某些子集的性质．本节中，我们引入子群的概念并讨论其性质．

定义 2.2.1　设 H 是群 $(G, \cdot)$ 的非空子集，若 H 关于 G 的乘法也构成一个群，则称 H 是 G 的子群（subgroup），记作 $H \leqslant G$．

显然，每一个群 G 都有两个平凡子群：G 与 $\{e\}$，分别是它的最大子群与最小子群．若 H 是 G 的子群，且 $H \neq G$，$H \neq \{e\}$，则称 H 是一个非平凡子群（non-trivial subgroup）．

显然，如果 H 是群 G 的子群，K 是 H 的子群，那么 K 是群 G 的子群（习题 2.2 第 4 题）．

由于群 G 的元关于乘法都满足结合律，因此，如果 G 的非空子集 H 关于 G 的乘法运算是封闭的，有单位元，且 H 的每个元素在 H 中都有逆元，H 就构成 G 的子群．

下面的命题揭示了子群的单位元、逆元与原群的关系．

命题 2.2.1　设 G 是一个群，H 是 G 的子群，则以下命题成立：

（1）H 的单位元就是 G 的单位元；

（2）对任意的 $a \in H$，a 在 H 中的逆元就是 a 在 G 中的逆元．

证明： 我们只证明（1），请读者自己证明（2）．设 $\bar{e}$ 和 e 分别是 H 和 G 的单位元，则

$$e\bar{e} = \bar{e} = \bar{e}\,\bar{e}.$$

由消去律可知 $e = \bar{e}$．　□

由此，我们可得到子群的判定定理．

定理 2.2.1（子群判定定理）　设 G 是一个群，H 是 G 的非空子集，则以下命题等价：

（1）H 是 G 的子群；

（2）对任意的 $a, b \in H$，都有 $ab \in H$，并且 $a^{-1} \in H$；

（3）对任意的 $a, b \in H$，都有 $ab^{-1} \in H$．

例 2.2.1　（1）例 2.1.1 中，
$$(\mathbf{Z}, +) \leqslant (\mathbf{Q}, +) \leqslant (\mathbf{R}, +) \leqslant (\mathbf{C}, +),$$
$$(\mathbf{Q}^*, \cdot) \leqslant (\mathbf{R}^*, \cdot) \leqslant (\mathbf{C}^*, \cdot).$$

（2）$SL_n(F) \leqslant GL_n(F)$．

定义 2.2.2　设 G 是一个群，$a \in G$．若 a 与 G 中所有元素可交换，即
$$ab = ba, \quad \forall b \in G,$$
则称 a 是 G 的中心元（central element）．G 的所有中心元构成的集合称为 G 的中心（center），记为 $C(G)$，即
$$C(G) = \{a \in G \mid ab = ba, \ \forall b \in G\}.$$

命题 2.2.2　群 G 的中心 $C(G)$ 是 G 的子群．

证明： 显然 $e \in C(G)$，从而 $C(G)$ 非空．设 $a, b \in C(G)$，则对所有的 $g \in G$，都有
$$(ab)g = a(bg) = a(gb) = (ag)b = (ga)b = g(ab),$$

因此 $ab \in C(G)$. 再由 $ag = ga$ 知

$$ga^{-1} = a^{-1}(ag)a^{-1} = a^{-1}(ga)a^{-1} = a^{-1}g,$$

即 $a^{-1} \in C(G)$. 由子群判定定理可得 $C(G)$ 是 G 的子群. □

推论 2.2.1 设 G 是一个群,则 $C(G)$ 是 G 的交换子群,并且 G 是交换群当且仅当 $C(G) = G$.

定理 2.2.2 设 $f: G \rightarrow \tilde{G}$ 是一个群同态,则 $\mathrm{Ker} f$ 是 G 的子群,$\mathrm{Im} f$ 是 $\tilde{G}$ 的子群.

证明: 设 e 和 $\tilde{e}$ 分别是 G 和 $\tilde{G}$ 的单位元. 显然 $e \in \mathrm{Ker} f$, $f(e) \in \mathrm{Im} f$, 从而 $\mathrm{Ker} f$ 与 $\mathrm{Im} f$ 都非空. 设 $a, b \in \mathrm{Ker} f$, 则 $f(a) = f(b) = \tilde{e}$, 从而

$$f(ab^{-1}) = f(a)[f(b)]^{-1} = \tilde{e},$$

故 $ab^{-1} \in \mathrm{Ker} f$. 由定理 2.2.1 即得 $\mathrm{Ker} f$ 是 G 的子群. 再设 $\alpha, \beta \in \mathrm{Im} f$, 则存在 $x, y \in G$, 使 $\alpha = f(x)$, $\beta = f(y)$. 因此,

$$\alpha\beta^{-1} = f(x)f(y)^{-1} = f(xy^{-1}) \in \mathrm{Im} f.$$

这表明 $\mathrm{Im} f$ 是 $\tilde{G}$ 的子群. □

命题 2.2.3 群 G 的若干子群的交仍是 G 的子群.

证明: 设 $\{H_i\}_{i \in I}$ 是群 G 的一个子群族,下面证明 $\cap_{i \in I} H_i \leqslant G$. 显然 $e \in H_i$, $\forall i \in I$, 故 $e \in \cap_{i \in I} H_i$. 设 $a, b \in \cap_{i \in I} H_i$. 由于 $\forall i \in I$, $ab^{-1} \in H_i$, 因此 $ab^{-1} \in \cap_{i \in I} H_i$, 故 $\cap_{i \in I} H_i$ 是 G 的子群. □

在讨论群时,我们也经常用以下的表示方法. 设 A 和 B 是群 G 的两个非空子集,记 A 与 B 的积为

$$AB = \{ab \mid a \in A, b \in B\},$$

A 的逆为

$$A^{-1} = \{a^{-1} \mid a \in A\}.$$

特别地,当 $B = \{x\}$ 时,记

$$Ax = \{ax \mid a \in A\}, \quad xA = \{xa \mid a \in A\}.$$

易见,$(AB)^{-1} = B^{-1}A^{-1}$, $(A^{-1})^{-1} = A$, 且以下两个推论成立(习题 2.2 第 9 题).

推论 2.2.2 设 H 是群 G 的非空子集,则 H 是 G 的子群当且仅当 $HH = H$ 且 $H^{-1} = H$.

推论 2.2.3 设 H 是群 G 的非空子集,则 H 是 G 的子群当且仅当 $HH^{-1} = H$.

设 S 是群 G 的子集. 记 G 中包含 S 的子群族为

$$C = \{A \mid A \leqslant G, S \subseteq A\},$$

则 C 非空,因为 $G \in C$. 令 M 是 C 中所有元素的交. 由命题 2.2.3 知 M 是 G 的子群,并且 $S \subseteq M$. 如果 M' 也是一个包含 S 的子群,那么 $M' \in C$, 从而 $M \subseteq M'$. 这说明 M 是包含 S 的最小子群,我们称之为由 S 生成的子群(subgroup generated by S),记为 $\langle S \rangle$.

若存在 $S \subseteq G$, 满足 $G = \langle S \rangle$, 则称 S 是 G 的生成元集(generating set),S 中的元素称为生成元(generating element). 最平凡的一种情形是,集合 G 本身就是群 G 的一个生成元集. 如果 S 是空集,那么 $\langle S \rangle$ 就是平凡子群 $\{e\}$. 若 S 是个有限集,并且 $G = \langle S \rangle$, 则称 G 是有限生成的(finitely generated). 若 $S = \{a\}$, 并且 $G = \langle S \rangle$

（简记为 $G = \langle a \rangle$），则称 G 是由 a 生成的循环群（cyclic group）．循环群是一类非常重要的群，我们将在第 2.3 节单独讨论．

定理 2.2.3　设 S 是群 G 的非空子集，则 $\langle S \rangle$ 是由所有形如 $x_1 x_2 \cdots x_n$，$n \in \mathbf{N}^*$，的有限积组成的集合 M，其中对任意的 $i \in \{1, 2, \cdots, n\}$，都有 $x_i \in S$，或者 $x_i^{-1} \in S$．

证明：由于 $\forall x \in S$，$e = xx^{-1} \in M$，故 M 是 G 的非空子集．设 $a = x_1 \cdots x_m$，$b = y_1 \cdots y_n \in M$，$m, n \in \mathbf{N}^*$，则

$$ab^{-1} = x_1 \cdots x_m y_n^{-1} \cdots y_1^{-1} \in M.$$

因此，M 是 G 的子群．如果 M' 是 G 的包含 S 的子群，那么对每个 $c \in S$，都有 $c \in M'$，从而 $c^{-1} \in M'$．因此，M' 包含所有形如 $x_1 x_2 \cdots x_n$ 的有限积，其中 $x_i \in S$，或者 $x_i^{-1} \in S$，$i = 1, 2, \cdots, n$．由此可得 $M \subseteq M'$．这说明 M 是包含 S 的最小子群，从而是由 S 生成的子群．　　　　□

事实上，我们可以把定理 2.2.3 中 $\langle S \rangle$ 里的元素刻画得更细致．在有限积 $x_1 x_2 \cdots x_n$，$n \in \mathbf{N}^*$ 中，把相同的元素之积写成方幂的形式，那么

$$\langle S \rangle = \{ a_1^{k_1} a_2^{k_2} \cdots a_n^{k_n} \mid a_i \in S,\ k_i \in Z,\ i = 1, 2, \cdots, n,\ n \in \mathbf{N}^* \}.$$

特别地，如果 $S = \{a\}$，那么

$$\langle a \rangle = \{ a^n \mid n \in \mathbf{Z} \} = \{ \cdots,\ a^{-2},\ a^{-1},\ e,\ a,\ a^2,\ \cdots \}$$

是由 a 生成的循环子群．

这一节的最后，我们来讨论一下命题 2.2.3 的对偶情形．命题 2.2.3 表明一个群 G 的若干子群 $H_i (i \in I)$ 的交 $\cap_{i \in I} H_i$ 仍然是 G 的子群，而且它是包含于每个 H_i 中的最大子群．那么，包含所有 $H_i (i \in I)$ 的最小子群是什么？从集合角度，$\cup_{i \in I} H_i$ 是包含所有 $H_i (i \in I)$ 的最小集合，那么它会构成子群？答案是否定的．例如，$2\mathbf{Z}$ 与 $3\mathbf{Z}$ 都是 $(\mathbf{Z}, +)$ 的子群，但 $2\mathbf{Z} \cup 3\mathbf{Z}$ 不是 $\mathbf{Z}$ 的子群，因为 5（即 $2 + 3$）$\notin (2\mathbf{Z} \cup 3\mathbf{Z})$．不难发现，$2\mathbf{Z} \cup 3\mathbf{Z}$ 不构成子群的原因是它关于群 $\mathbf{Z}$ 的运算不封闭．那么，换一个角度，如果 H 和 K 是 G 的子群，HK 会是 G 的子群吗？观察下面的例子．

例 2.2.2　在 $GL_2(F)$ 中，令

$$H = \left\{ \begin{pmatrix} 1 & 0 \\ 0 & 1 \end{pmatrix},\ \begin{pmatrix} 1 & 0 \\ 1 & -1 \end{pmatrix} \right\},$$

$$K = \left\{ \begin{pmatrix} 1 & 0 \\ 0 & 1 \end{pmatrix},\ \begin{pmatrix} 1 & 1 \\ 0 & -1 \end{pmatrix} \right\},$$

则 H 和 K 是 G 的两个子群，并且

$$HK = \left\{ \begin{pmatrix} 1 & 0 \\ 0 & 1 \end{pmatrix},\ \begin{pmatrix} 1 & 0 \\ 1 & -1 \end{pmatrix},\ \begin{pmatrix} 1 & 1 \\ 0 & -1 \end{pmatrix},\ \begin{pmatrix} 1 & 1 \\ 1 & 2 \end{pmatrix} \right\}.$$

由 $\begin{pmatrix} 1 & 1 \\ 1 & 2 \end{pmatrix}^2 = \begin{pmatrix} 2 & 3 \\ 3 & 5 \end{pmatrix} \notin HK$ 可知，HK 不是 G 的子群．

例 2.2.2 表明子群 H 和 K 的积未必构成子群．但如果 H 和 K 的积可交换，即 $HK = KH$，那么它们的积 HK 可以构成子群，而且这是 HK 构成子群的充分必要条件（习题 2.2 第 11 题（4））．易见，HK 一定包含 $H \cup K$，而 $\langle H \cup K \rangle$ 恰好是最小的既

包含 H 又包含 K 的子群. 事实上, 我们也可以刻画 HK 构成子群的另一个充分必要条件.

命题 2.2.4 设 H 和 K 是群 G 的子群, 则 HK 是 G 的子群当且仅当 $HK = \langle H \cup K \rangle$.

证明: 充分性是显然的, 下面证明必要性. 假设 HK 是 G 的子群, $h \in H$, 则 $h = he \in HK$. 因此, $H \subseteq HK$. 同样地, $K \subseteq HK$, 故 $H \cup K \subseteq HK$. 由于 $\langle H \cup K \rangle$ 是 G 中包含 $H \cup K$ 的最小子群, 因此 $\langle H \cup K \rangle \subseteq HK$. 再设 $hk \in HK$, $h \in H$, $k \in K$. 由于 $H \subseteq \langle H \cup K \rangle$, 且 $K \subseteq \langle H \cup K \rangle$, 于是 $h, k \in \langle H \cup K \rangle$. 因此, $hk \in \langle H \cup K \rangle$. 这说明 $HK \subseteq \langle H \cup K \rangle$. 这样, 我们就证明了 $HK = \langle H \cup K \rangle$. □

上面的阐述表明, 一个群 G 的所有子群的集合 $S(G)$ 关于集合的包含关系构成一个格.

定理 2.2.4 设 G 是一个群, 则 $(S(G), \subseteq)$ 构成一个格.

证明: 例 1.5.3(2) 已经证明, 包含关系是一个偏序. 下面证明, 对任意的 H, $K \in S(G)$, $H \wedge K$, $H \vee K \in S(G)$. 由命题 2.2.3 可知, $H \cap K \in S(G)$, 事实上, $H \wedge K = H \cap K$, 即 $H \cap K$ 是 H 与 K 的最大下界. 易见, $H \cap K \subseteq H$, 且 $H \cap K \subseteq K$, 从而 $H \cap K$ 是 H 与 K 的下界. 设 $A \in S(G)$, $A \subseteq H$, 且 $A \subseteq K$, 则必有 $A \subseteq H \cap K$. 因此, $H \cap K$ 是 H 与 K 的最大下界. 请读者自己证明 $H \vee K = \langle H \cup K \rangle$, 因此, $\langle H \cup K \rangle$ 是 H 与 K 的最小上界. □

定理 2.2.4 中的格 $(S(G), \subseteq)$ 称为群 G 的子群格.

例 2.2.5 群 $(\mathbf{Z}_6, +)$ 的子群共有 4 个:
$$\{[0]\}, \{[0], [2], [4]\}, \{[0], [3]\}, \mathbf{Z}_6.$$
类似地, 群 $(\mathbf{Z}_{12}, +)$ 的所有子群为:
$$\{[0]\}, \langle[2]\rangle = \{[0], [2], [4], [6], [8], [10]\}, \langle[3]\rangle = \{[0], [3], [6], [9]\},$$
$$\langle[4]\rangle = \{[0], [4], [8]\}, \langle[6]\rangle = \{[0], [6]\}, \mathbf{Z}_{12}.$$

这两个群的子群格的哈斯图如图 2.2 所示.

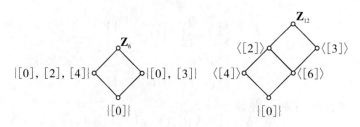

图 2.2 群 $\mathbf{Z}_6$ 和 $\mathbf{Z}_{12}$ 的子群格的哈斯图

习 题 2.2

1. 判断下面集合是否构成 $GL_2(\mathbf{R})$ 的子群.

(1) $H = \left\{ \begin{pmatrix} a & b \\ c & d \end{pmatrix} \middle| ad - bc = 1 \right\}$;

(2) $H = \left\{ \begin{pmatrix} a & 0 \\ 0 & a \end{pmatrix} \middle| a \neq 0 \right\}$;

(3) $H = \left\{ \begin{pmatrix} a & b \\ 0 & d \end{pmatrix} \middle| ad \neq 0 \right\}$;

(4) $H = \left\{ \begin{pmatrix} a & b \\ -b & a \end{pmatrix} \middle| a \neq 0 \text{ 或 } b \neq 0 \right\}$.

2.　(1) 令 $O_n(\mathbf{R}) = \{A \in GL_n(\mathbf{R}) \mid A \text{ 是正交矩阵}\}$. 证明：$O_n(\mathbf{R})$ 构成 $GL_n(\mathbf{R})$ 的子群. $O_n(\mathbf{R})$ 称为 $\mathbf{R}$ 上的正交群 (orthogonal group).

(2) 令 $SO_n(\mathbf{R}) = \{A \in O_n(\mathbf{R}) \mid \det(A) = 1\}$. 证明：$SO_n(\mathbf{R})$ 是 $O_n(\mathbf{R})$ 及 $SL_n(\mathbf{R})$ 的子群.

3.　令 $E_n(\mathbf{R}) = \{(A, \alpha) \mid A \in O_n(\mathbf{R}), \alpha \in \mathbf{R}^n\}$. 在 $E_n(\mathbf{R})$ 上定义运算如下:
$$(A, \alpha) \cdot (B, \beta) = (AB, A\beta + \alpha),$$
其中 $A, B \in O_n(\mathbf{R})$, $\alpha, \beta \in \mathbf{R}^n$. 证明：$(E_n(\mathbf{R}), \cdot)$ 构成一个群. 称 $E_n(\mathbf{R})$ 为欧几里得群 (Euclidean group).

4.　设 H 是群 G 的子群, K 是 H 的子群. 证明：K 是群 G 的子群.

5.　设 H 是群 G 的子群. 证明：$Ha = H$ 当且仅当 $a \in H$.

6.　判断下列命题是否正确, 如果正确请给出证明, 否则请给出反例.

(1) $(\mathbf{Z}, +)$ 的所有非平凡子群都是有限群;

(2) 如果 G 是一个非交换群, 那么 $C(G) = \{e\}$;

(3) 设 A, B, C 是群 G 的子群, 满足 $A \cup B \subseteq C$, 则 $ABC \subseteq C$;

(4) 存在 $(\mathbf{Z}, +)$ 的真子群 H, 满足 H 包含 $2\mathbf{Z}$ 和 $3\mathbf{Z}$;

(5) 设 G 是一个群, 若 H 是 G 的一个非空子集, 且满足 $a^{-1} \in H$ 对任意 $a \in H$ 成立, 则 H 是 G 的子群;

(6) 若 H 是 $(\mathbf{Q}, +)$ 的子群, 满足 $\mathbf{Z} \subsetneqq H$, 则 $H = \mathbf{Q}$.

(7) 若 H 是 $(\mathbf{Q}^*, \cdot)$ 的子群, 满足 $\mathbf{Z} \setminus \{0\} \subseteq H$, 则 $H = \mathbf{Q}^*$.

7.　证明推论 2.2.1.

8.　设 G 是一个群, H 是 G 的有限子集. 证明：H 是 G 的子群当且仅当, 对任意的 $a, b \in H$, 都有 $ab \in H$.

9.　证明推论 2.2.2 和推论 2.2.3.

10.　分别写出 Klein 四元群及四元数群的所有子群.

11.　设 H, K 是群 G 的子群. 证明以下命题等价:

(1) HK 是 G 的子群;

(2) $\langle H \cup K \rangle \subseteq HK$;

(3) $\langle H \cup K \rangle \subseteq KH$;

(4) $HK = KH$.

12.　设 S 是群 G 的非空子集. 令

$$Z(S) = \{g \in G \mid gs = sg, \ \forall s \in S\}.$$

证明：$Z(S)$ 是 G 的子群. 称 $Z(S)$ 为 S 在 G 中的中心化子（centralizer）.

13. 设 H 及 K 是群 G 的子群，并且 H 与 K 的阶互素. 证明：$H \cap K = \{e\}$.

14. 证明：加群 G 的所有有限阶元素构成 G 的一个子群.

2.3 循 环 群

由第 2.2 节内容知道，如果 G 是由单个元素生成的，那么 G 就是一个循环群. 也就是说，

$$G = \langle a \rangle = \{\cdots, a^{-2}, a^{-1}, e, a, a^2, \cdots\}.$$

显然，循环群必是交换群.

例 2.3.1 整数加群 $(\mathbf{Z}, +)$ 是无限循环群. 事实上，$\mathbf{Z} = \langle 1 \rangle = \langle -1 \rangle$.

例 2.3.2 $(\mathbf{Z}_n, +)$ 是一个 n 阶循环群，且 $\mathbf{Z}_n = \langle [1] \rangle$.

命题 2.3.1 设 $\langle a \rangle$ 是一个循环群，则以下命题成立：

(1) 当 a 是无限阶时，

$$\cdots, a^{-2}, a^{-1}, e, a, a^2, \cdots$$

是 $\langle a \rangle$ 的全体互异的元素；

(2) 当 $|a| = n$ 时，$\langle a \rangle$ 是 n 阶群，且

$$\langle a \rangle = \{e, a, \cdots, a^{n-1}\};$$

(3) $|a| = |\langle a \rangle|$.

证明：(1) 设 a 是无限阶. 由 $s \neq t$，$s, t \in \mathbf{N}$，可得 $a^s \neq a^t$. 否则，如果 $a^s = a^t$，不妨设 $s > t$，那么 $a^{s-t} = e$，这与 a 是无限阶矛盾.

(2) 设 $|a| = n$，a^m 是 $\langle a \rangle$ 中任意一个元素. 令 $m = nq + r$，其中，$0 \leq r \leq n - 1$，则有

$$a^m = (a^n)^q a^r = a^r,$$

从而 a^m 是 $\{e, a, \cdots, a^{n-1}\}$ 中的元素. 显然 $e, a, \cdots, a^{n-1}$ 是互不相同的 n 个元素，由此得

$$\langle a \rangle = \{e, a, \cdots, a^{n-1}\}.$$

(3) 当 a 是无限阶时，结论显然成立. 设 $|a| = n$，由（2）知，$\langle a \rangle = \{e, a, \cdots, a^{n-1}\}$ 恰有 n 个元素. $\qquad\square$

由命题 2.3.1，我们立即可以得到以下推论.

推论 2.3.1 设 G 是一个 n 阶有限群，则 G 是一个循环群当且仅当 G 有一个 n 阶元.

例如，图 2.3 给出了生成元为 a 的 5 阶循环群.

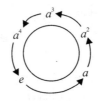

图 2.3　生成元为 a 的 5 阶循环群

命题 2.3.2　设 $G = \langle a \rangle$ 是一个循环群，$r \in \mathbf{N}$，则以下命题成立：

(1) 若 $|a| = n$，则 $G = \langle a^r \rangle$ 当且仅当 $(r, n) = 1$；

(2) 若 a 是无限阶，则 $G = \langle a^r \rangle$ 当且仅当 $r = \pm 1$.

证明：(1) 设 $|a| = n$. 由命题 2.3.1 及定理 2.1.1 知 $|\langle a^r \rangle| = |a^r| = \dfrac{n}{(r, n)}$. 因此，

$$G = \langle a^r \rangle \Leftrightarrow n = |G| = |\langle a^r \rangle| = |a^r| = \frac{n}{(r, n)}$$

$$\Leftrightarrow (r, n) = 1.$$

(2) 设 a 是无限阶. 当 $r = \pm 1$ 时，显然有 $G = \langle a^r \rangle$. 反之，若 a^r 是 G 的生成元，则存在 $k \in \mathbf{Z}$，使 $a = (a^r)^k$，故 $a^{rk-1} = e$. 因为 a 是无限阶，所以 $rk - 1 = 0$. 因此 $r = \pm 1$. $\qquad\qquad\Box$

由命题 2.3.2 立即可得，若 $G = \langle a \rangle$ 是无限循环群，则 G 只有两个生成元，即 a 与 a^{-1}；若 $G = \langle a \rangle$ 是 n 阶循环群，则 G 有 $\phi(n)$ 个生成元，其中 ϕ 是欧拉函数.

我们还可以进一步对循环群按照群的阶进行分类，即无限循环群都同构于整数加群，n 阶循环群都同构于模 n 的剩余类加群.

定理 2.3.1　设 $G = \langle a \rangle$ 是一个循环群，则 G 同构于 $(\mathbf{Z}, +)$ 或 $(\mathbf{Z}_n, +)$.

证明：假若 G 是无限循环群，考虑映射 $\psi : \mathbf{Z} \to G$，$\psi(i) = a^i$，$i \in \mathbf{Z}$. 显然，ψ 是一个满射. 如果 $i \neq j$，那么由命题 2.3.1 知 $a^i \neq a^j$. 这表明 ψ 是单射. 易见，

$$\psi(i + j) = a^{i+j} = a^i a^j = \psi(i)\psi(j).$$

从而 ψ 是一个群同构，故 $G \cong \mathbf{Z}$.

假若 G 是一个阶为 n 的有限循环群，则由命题 2.3.1 知，

$$G = \{e, a, \cdots, a^{n-1}\},$$

并且 $|a| = n$. 定义 $\psi : \mathbf{Z}_n \to G$，$\psi([i]) = a^i$，$i \in \mathbf{Z}$. 由于

$$[i] = [j] \Leftrightarrow n \mid (i - j) \Leftrightarrow a^{i-j} = e \Leftrightarrow a^i = a^j,$$

从而 ψ 是良好定义的，并且是一个单射. 显然，ψ 是一个满射. 进一步地，我们有

$$\psi([i] + [j]) = \psi([i + j]) = a^{i+j} = a^i a^j = \psi(i)\psi(j).$$

由此得，ψ 是一个群同构，从而 $G \cong \mathbf{Z}_n$. $\qquad\qquad\Box$

由定理 2.3.1 立即可以得到以下推论.

推论 2.3.2　任意两个同阶（无限或有限）循环群都是同构的.

下面的定理刻画了循环群的子结构.

定理 2.3.2　循环群的子群仍是循环群.

证明： 设 $G = \langle a \rangle$，$H \leqslant G$. 若 $H = \{e\}$，则显然 H 是循环群. 下面设 $H \neq \{e\}$，则必存在正整数 n，使 $a^n \in H$，且 $a^n \neq e$. 令

$$\Gamma = \{n \in \mathbf{N} \mid a^n \in H,\ a^n \neq e\}.$$

由最小数原理知，Γ 有一个最小数 r，下面证明 $H = \langle a^r \rangle$. 由于 $a^r \in H$，显然有 $\langle a^r \rangle \subseteq H$. 再设 $a^k \in H$，$k \in \mathbf{Z}$，令 $k = qr + \tilde{r}$，其中，$q \in \mathbf{Z}$，$0 \leqslant \tilde{r} < r$，则

$$a^k = a^{qr+\tilde{r}} = (a^r)^q a^{\tilde{r}}.$$

故 $a^{\tilde{r}} = a^k (a^r)^{-q} \in H$. 由 r 的最小性知 $a^k = (a^r)^q \in \langle a^r \rangle$，从而 $H = \langle a^r \rangle$. □

定理 2.3.3　设 $G = \langle a \rangle$ 是一个 n 阶循环群，$m \geqslant 1$，且 $m \mid n$，则 G 有唯一的 m 阶子群.

证明： 设 $n = mk$，则由定理 2.1.1 可得 $|a^k| = m$，故 $\langle a^k \rangle$ 是 G 的 m 阶子群. 设 $\langle a^t \rangle$ 也是 G 的 m 阶子群，则 $|a^t| = m$. 因此，

$$a^{tm} = e \Rightarrow n \mid tm \Rightarrow k \mid t.$$

令 $t = kl$，则 $a^t = (a^k)^l \in \langle a^k \rangle$，从而 $\langle a^t \rangle \subseteq \langle a^k \rangle$. 而 $\langle a^t \rangle$ 与 $\langle a^k \rangle$ 都是 m 阶子群，故 $\langle a^t \rangle = \langle a^k \rangle$. □

习　题　2.3

1. 写出 $(\mathbf{Z}_5, +)$ 及 $(\mathbf{Z}_{18}, +)$ 的所有子群.

2. 证明：n 次单位根群 U_n 是一个 n 阶循环群. 写出 U_n 的所有生成元及子群.

3. 设 $G = \langle a \rangle$ 是一个 6 阶循环群. 试写出 G 的所有生成元及 G 的所有子群.

4. 设 $G = \langle a \rangle$ 是一个 30 阶循环群. 试写出以下子群：

(1) $\langle a^5 \rangle$；

(2) $\langle a^2 \rangle$.

5. (1) 证明：$(\mathbf{R}, +)$ 不是循环群.

(2) 证明：$(\mathbf{Q}^*, \cdot)$ 不是循环群.

(3) 证明：$(\mathbf{R}^*, \cdot)$ 不是循环群.

6. * 设 G 是一个有限群，且 G 的所有真子群都是循环群. 问：G 是否是循环群? 给出证明.

7. 设 $G = \langle a \rangle$ 是任意一个 n 阶循环群. 证明：$G \cong (U_n, \cdot)$.

8. 证明：$(\mathbf{Q}, +)$ 的每个有限生成子群都是循环群.

9. 设 G 是一个非交换群. 证明：G 有一个非平凡子群.

10. 设 G 是一个群. 假设 G 最多有两个非平凡子群. 证明：G 是循环群.

2.4　变换群与置换群

我们已经知道一个非空集合上所有的一一变换关于合成运算构成一个对称群. 本节我们将对一一变换构成的群，即变换群，进行更为细致的讨论. 事实上，变换群是

一类与任何群都有密切关系的群，因为每一个群都与某个变换群同构.

定义 2.4.1　设 A 是一个非空集合，$T(A)$ 是 A 上若干一一变换的集合. 若 $T(A)$ 关于变换的乘法，即合成运算，构成一个群，则称 $T(A)$ 是 A 的一个变换群（transformation group）.

特别地，A 上所有一一变换关于变换乘法构成对称群 $S(A)$. 若 $|A| = n$，则 A 上的对称群称为 n 次对称群（symmetric group of degree n），并记为 S_n.

变换群是一类特殊的群，但由下面的 Cayley 定理可知，它又代表最一般的群，因而具有重要的地位.

定理 2.4.1（Cayley 定理）　任何一个群都与一个变换群同构.

证明： 设 G 是一个群，$a \in G$，则映射 $\lambda_a: G \to G$，$\lambda_a(g) = ag$，$g \in G$ 是 G 上的一一变换，这是因为对任意的 $g, g' \in G$，由 $ag = ag'$ 可得 $g = g'$，并且 $g = \lambda_a(a^{-1}g)$. 令

$$T(G) = \{\lambda_a \mid a \in G\}.$$

对任意的 $a, b, g \in G$，由

$$(\lambda_a \cdot \lambda_b)(g) = \lambda_a(bg) = a(bg) = (ab)g = \lambda_{ab}(g)$$

知 $\lambda_a \cdot \lambda_b = \lambda_{ab}$. 从而 $(T(G), \cdot)$ 构成一个代数，其中 $\cdot$ 是映射的合成.

考虑映射 $f: (G, \cdot) \to (T(G), \cdot)$，$f(a) = \lambda_a$，$a \in G$. 由于对任意的 $a, b \in G$，都有

$$f(ab) = \lambda_{ab} = \lambda_a\lambda_b = f(a)f(b),$$

故 f 是一个同态. 易证 f 是一个双射，从而是 $(G, \cdot)$ 到 $(T(G), \cdot)$ 的一个同构映射，因此有 $G \cong T(G)$. 再由命题 1.4.4，$(G, \cdot)$ 是群，可得 $(T(G), \cdot)$ 也是一个群.　□

定理 2.4.1 中的同构称为群 G 的左正则表示（left regular representation）. 类似地，我们也可以得到 G 的右正则表示及正则表示，即将定理 2.4.1 证明过程中的 λ_a 分别用变换 $\rho_a: G \to G$，$\rho_a(g) = ga$，$g \in G$ 及内自同构 $I_a: G \to G$，$I_a(g) = aga^{-1}$，$g \in G$ 取代.

有限集合上的一一变换称为置换（permutation）. 下面我们将着重讨论有限集合上的变换群，即置换群. 置换群是群论中很重要的一类群，群论最早就是从研究置换群开始的. 伽罗瓦理论就是应用置换群成功证明了五次及五次以上方程不能根式求解的问题.

由定理 2.4.1，可以得到以下推论.

推论 2.4.1　任意一个有限群都同构于一个置换群.

为了进一步研究置换群，我们需要一些书写置换的简洁方式. 下面介绍几种置换的表示方法. 设 A 是一个含有 $n(n > 1)$ 个元素的集合，不妨令 $A = \{1, 2, \cdots, n\}$. A 上任一置换 σ 可以用如下方法表示：

$$\begin{pmatrix} 1 & 2 & \cdots & n \\ \sigma(1) & \sigma(2) & \cdots & \sigma(n) \end{pmatrix}.$$

由于 σ 是一个一一变换，$\sigma(1), \sigma(2), \cdots, \sigma(n)$ 是 $1, 2, \cdots, n$ 的某个 n 元排列，反之 A 的任意一个 n 元排列唯一确定 A 上的一个一一变换，于是，

$$S_n = \left\{ \begin{pmatrix} 1 & 2 & \cdots & n \\ i_1 & i_2 & \cdots & i_n \end{pmatrix} \mid i_1, \ i_2, \ \cdots, \ i_n \text{ 是 } 1, \ 2, \ \cdots, \ n \text{ 的 } n \text{ 元排列} \right\}.$$

易见, $|S_n| = n!$. 注意到, σ 可以用 1, 2, $\cdots$, n 的任意次序进行描述, 例如在 S_3 中,

$$\begin{pmatrix} 1 & 2 & 3 \\ 2 & 3 & 1 \end{pmatrix} = \begin{pmatrix} 3 & 1 & 2 \\ 1 & 2 & 3 \end{pmatrix} = \begin{pmatrix} 3 & 2 & 1 \\ 1 & 3 & 2 \end{pmatrix}.$$

我们常选择第一种表示方式. 因此, S_3 中共有 6 个置换, 依次表示为:

$$e = \begin{pmatrix} 1 & 2 & 3 \\ 1 & 2 & 3 \end{pmatrix}, \ \sigma_1 = \begin{pmatrix} 1 & 2 & 3 \\ 2 & 3 & 1 \end{pmatrix}, \ \sigma_2 = \begin{pmatrix} 1 & 2 & 3 \\ 3 & 1 & 2 \end{pmatrix},$$

$$\tau_1 = \begin{pmatrix} 1 & 2 & 3 \\ 1 & 3 & 2 \end{pmatrix}, \ \tau_2 = \begin{pmatrix} 1 & 2 & 3 \\ 3 & 2 & 1 \end{pmatrix}, \ \tau_3 = \begin{pmatrix} 1 & 2 & 3 \\ 2 & 1 & 3 \end{pmatrix}.$$

置换的乘法就是变换的合成运算, 对于两个置换 τ, σ, 有 $(\tau\sigma)(i) = \tau(\sigma(i))$. 因此,

$$\tau_1\sigma_1 = \begin{pmatrix} 1 & 2 & 3 \\ 1 & 3 & 2 \end{pmatrix} \begin{pmatrix} 1 & 2 & 3 \\ 2 & 3 & 1 \end{pmatrix} = \begin{pmatrix} 1 & 2 & 3 \\ 3 & 2 & 1 \end{pmatrix} = \tau_2.$$

我们可以用更直观的方式来确定置换的乘积:

$$
\begin{array}{ccccc}
 & 1 & & 2 & & 3 \\
\sigma_1 & \downarrow & & \downarrow & & \downarrow \\
 & 2 & & 3 & & 1 \\
 & \downarrow & & \downarrow & & \downarrow \\
\tau_1 & 3 & & 2 & & 1
\end{array}
$$

注意到

$$\sigma_2\sigma_1 = \begin{pmatrix} 1 & 2 & 3 \\ 3 & 1 & 2 \end{pmatrix} \begin{pmatrix} 1 & 2 & 3 \\ 2 & 3 & 1 \end{pmatrix} = \sigma_1\sigma_2 = \begin{pmatrix} 1 & 2 & 3 \\ 1 & 2 & 3 \end{pmatrix} = e,$$

因此, 可以得到 $\sigma_1^{-1} = \sigma_2$. 于是, 可以得到 S_3 的乘法表如下:

$\cdot$	e	σ_1	σ_2	τ_1	τ_2	τ_3
e	e	σ_1	σ_2	τ_1	τ_2	τ_3
σ_1	σ_1	σ_2	e	τ_3	τ_1	τ_2
σ_2	σ_2	e	σ_1	τ_2	τ_3	τ_1
τ_1	τ_1	τ_2	τ_3	e	σ_1	σ_2
τ_2	τ_2	τ_3	τ_1	σ_2	e	σ_1
τ_3	τ_3	τ_1	τ_2	σ_1	σ_2	e

由 S_3 的乘法表可以看出, S_3 是非交换群. 事实上, S_3 是阶数最低的非交换群 (习题 2.4 第 2 题).

接下来介绍一种简洁的置换表示方法, 以 S_6 中置换

$$\sigma = \begin{pmatrix} 1 & 2 & 3 & 4 & 5 & 6 \\ 1 & 6 & 4 & 2 & 5 & 3 \end{pmatrix}$$

为例. σ 将 2 映为 6，6 映为 3，3 映为 4，4 映为 2，而保持 1 与 5 不动. 如果我们将这些数码连接起来书写在同一行，右边的数码代表左边的数码在 σ 下的像，就可以将 σ 简单地表示为（1）（2634）（5）. 习惯上，我们会省去（1）及（5），即 $\sigma =$（2634）. 显然（2634）=（6342）=（3426）=（4263）. 这就是 σ 的循环置换表示法，下面给出具体定义.

定义 2.4.2　设 $\sigma \in S_n$. 称置换 σ 是一个 k - 循环置换（k-cyclic permutation），简称 k - 循环，或循环，如果存在互不相同的 k 个数码 i_1，i_2，$\cdots$，i_k，使

$$\sigma(i_j) = i_{j+1}, j = 1, 2, \cdots, k - 1,$$
$$\sigma(i_k) = i_1,$$
$$\sigma(i) = i, \text{如果 } i \notin \{i_1, i_2, \cdots, i_k\}.$$

也就是说，k - 循环置换 σ 将数码 i_1 变成 i_2，i_2 变成 i_3，$\cdots$，i_{k-1} 变成 i_k，i_k 变成 i_1，而保持其余数码（如果还有的话）不变（图 2.4）.

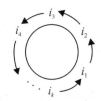

图 2.4　k - 循环置换

此时，记

$$\sigma = (i_1 i_2 \cdots i_k) = (i_2 i_3 \cdots i_k i_1) = \cdots = (i_k i_1 \cdots i_{k-1}).$$

例如在 S_4 中，置换

$$\begin{pmatrix} 1 & 2 & 3 & 4 \\ 4 & 1 & 3 & 2 \end{pmatrix} = (1 \quad 4 \quad 2) = (4 \quad 2 \quad 1) = (2 \quad 1 \quad 4)$$

是一个 3 - 循环. 而 S_3 的 6 个元素用循环置换表示出来就是：

$$(1), (12), (13), (23), (123), (132).$$

显然，含有 n 个元素的集合 A 上的 1 - 循环是恒等置换，即

$$\mathrm{id}_A = (1) = (2) = \cdots = (n).$$

一个 2 - 循环置换简称为对换（transposition）. 下面我们将逐步得出，在 S_n 中，每个置换都可以表示为两两不相交（没有公共数码）的循环置换之积，并且最终都可以表示为若干对换之积.

定理 2.4.2　两个不相交循环置换的乘积可交换.

证明： 设 $\tau = (i_1 i_2 \cdots i_k)$，$\sigma = (j_1 j_2 \cdots j_l)$ 是两个互不相交的循环置换，则对于 $\tau\sigma$ 与 $\sigma\tau$，都有

$$i_1 \mapsto i_2, i_2 \mapsto i_3, \cdots, i_k \mapsto i_1,$$

及

$$j_1 \mapsto j_2 \,,\ j_2 \mapsto j_3 \,,\ \cdots \,,\ j_l \mapsto j_1 \,,$$

而其他数码保持不动，故 $\sigma\tau = \tau\sigma$. □

定理 2.4.3　在 $S_n(n \geqslant 2)$ 中，以下命题成立：

（1）每个循环都可以表示成对换之积；

（2）每个置换都可以表示成两两不相交的循环之积；

（3）每个置换都可以表示成若干对换之积；

（4）$S_n = \langle (12)\,,\ (13)\,,\ \cdots\,,\ (1n) \rangle$.

证明：（1）设 $(i_1 i_2 \cdots i_k)$ 是一个 k – 循环. 当 $k = 1$ 时，任取 $i \neq 1$，都有 $(1) = (1i)(1i)$. 而当 $k > 1$ 时，由

$$(i_1 i_2 \cdots i_k) = (i_1 i_k)(i_1 i_{k-1}) \cdots (i_1 i_3)(i_1 i_2)$$

知，命题成立.

（2）设 $\sigma \in S_n$. 若 σ 不使任何数码变动，则 $\sigma = (1)$. 下面假设 $\sigma \neq (1)$. 我们总可以将被 σ 变动了的数码按次序写在一起，而将不动的数码放在最后，这样就将 σ 表示成了不相交循环置换之积. 例如：

$$\sigma = \begin{pmatrix} i_1 & i_2 & \cdots & i_k & j_1 & j_2 & \cdots & j_l & \cdots & s_1 & s_2 & \cdots & s_t & r & \cdots & m \\ i_2 & i_3 & \cdots & i_1 & j_2 & j_3 & \cdots & j_1 & \cdots & s_2 & s_3 & \cdots & s_1 & r & \cdots & m \end{pmatrix} \quad (2.4)$$
$$= (i_1 i_2 \cdots i_k)(j_1 j_2 \cdots j_l) \cdots (s_1 s_2 \cdots s_t).$$

注意到，在不考虑循环的排列次序情形下，式(2.4)的表示是唯一的，也就是说，每一个关于 $1, 2, \cdots, n$ 的置换都可以唯一（不计循环的排列次序）表示为不相交循环之积.

（3）由（1）和（2）可得.

（4）由（3）知，每个置换都可以表示为对换之积，因此，我们只需验证任意一个对换是否可以表示为形如 $(1i)$ 的对换之积即可. 设 $i \neq 1$，$j \neq 1$，则对换 (ij) 可表示为

$$(ij) = (1i)(1j)(1i).$$

得证. □

注 2.4.1　将一个置换分解为对换之积的表示方法未必唯一. 例如：

$$\sigma = \begin{pmatrix} 1 & 2 & 3 & 4 & 5 & 6 & 7 & 8 & 9 \\ 3 & 7 & 6 & 4 & 8 & 9 & 2 & 5 & 1 \end{pmatrix}$$
$$= (1369)(27)(58)$$
$$= (19)(16)(13)(27)(58)$$
$$= (31)(39)(36)(27)(58).$$

给定一个置换 σ，虽然 σ 有不同形式的对换分解，但各分解中所含对换因子个数的奇偶性必相同，也就是说，σ 的所有对换分解要么都含有偶数个对换因子，要么都含有奇数个对换因子. 事实上，置换分解为对换之积的奇偶性与多元多项式的变元置换表示紧密相连，我们将用后者来定义置换的奇偶性.

设 f 是关于 x_1，x_2，$\cdots$，x_n 的多项式. 若 $\sigma \in S_n$，则变元 x_1，x_2，$\cdots$，x_n 经过 σ 置换后确定了一个新的多项式 σf，即 $\sigma f(x_1$，x_2，$\cdots$，$x_n) = f(x_{\sigma(1)}$，$x_{\sigma(2)}$，$\cdots$，$x_{\sigma(n)})$. 例如，如果 $f = x_1 - x_2 + 5x_3$，$\sigma = (12)$，则 $\sigma f = x_2 - x_1 + 5x_3$.

下面考虑特殊的 n 元对称多项式

$$f(x_1,\ x_2,\ \cdots,\ x_n) = \prod_{1 \leqslant i < j \leqslant n} (x_i - x_j).$$

显然，σf 的因子为 $x_{\sigma(i)} - x_{\sigma(j)}$. 如果 $\sigma(i) < \sigma(j)$，那么 $x_{\sigma(i)} - x_{\sigma(j)}$ 也是 f 的因子；反之，如果 $\sigma(i) > \sigma(j)$，那么 $-(x_{\sigma(i)} - x_{\sigma(j)})$ 是 f 的因子. 因此，当 σ 的逆序数为偶数时，有 $\sigma f = f$；当 σ 的逆序数为奇数时，有 $\sigma f = -f$. 我们定义置换 σ 的符号为

$$\text{sign}(\sigma) = \frac{\sigma f}{f}.$$

因此，$\text{sign}(\sigma) = \pm 1$. 如果 $\text{sign}(\sigma) = 1$，就称 σ 为偶置换（even permutation）；如果 $\text{sign}(\sigma) = -1$，就称 σ 为奇置换（odd permutation）.

例 2.4.1　S_3 的偶置换为 (1)，(123)，(132)，奇置换为 (12)，(13)，(23).

当 n 不是特别大时，确定一个 n 元置换的奇偶性，一个简单的方法是画交叉图判定. 下面用例 2.4.2 进行说明.

例 2.4.2　求置换

$$\sigma = \begin{pmatrix} 1 & 2 & 3 & 4 & 5 & 6 \\ 3 & 6 & 2 & 5 & 4 & 1 \end{pmatrix}$$

的奇偶性.

解：我们只需要将 σ 上下两行相同的整数做简单的链接，数出连线交叉点的总数（避免重复），一个交叉点对应着一个逆序. 图 2.5 中共有 10 个交叉点，因此，$\text{sign}(\sigma) = 1$. 从而 σ 是一个偶置换.

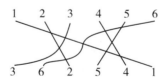

图 2.5　用置换的交叉图判断其奇偶性

命题 2.4.1　每个对换都是奇置换.

证明：对换 (i, j)，$i < j$ 的交叉图中共有 $1 + 2(j - i - 1)$ 个交叉点，显然交叉点个数是奇数，因此，(i, j) 是奇置换. $\square$

命题 2.4.2　设 τ，$\sigma \in S_n$，则以下命题成立：

（1）$\text{sign}(\tau\sigma) = \text{sign}(\tau)\text{sign}(\sigma)$；

（2）$\text{sign}(\tau^{-1}) = \text{sign}(\tau)$.

证明：设

$$f(x_1,\ x_2,\ \cdots,\ x_n) = \prod_{1 \leqslant i < j \leqslant n} (x_i - x_j).$$

由于对任意 $\mu \in S_n$，有 $\mu f = \text{sign}(\mu) f$，于是有

$$\begin{aligned}
\tau\sigma f(x_1, x_2, \cdots, x_n) &= \tau(\sigma f(x_1, x_2, \cdots, x_n)) \\
&= \tau(\text{sign}(\sigma)f(x_1, x_2, \cdots, x_n)) \\
&= \text{sign}(\sigma)\tau f(x_1, x_2, \cdots, x_n) \\
&= \text{sign}(\sigma)\text{sign}(\tau)f(x_1, x_2, \cdots, x_n).
\end{aligned}$$

注意到，$\tau\sigma f = \text{sign}(\tau\sigma)f$，从而 $\text{sign}(\tau\sigma) = \text{sign}(\tau)\text{sign}(\sigma)$，故（1）成立. 应用（1），可立即得

$$1 = \text{sign}(\text{id}_{S_n}) = \text{sign}(\tau\tau^{-1}) = \text{sign}(\tau)\text{sign}(\tau^{-1}),$$

因此，$\text{sign}(\tau^{-1}) = \dfrac{1}{\text{sign}(\tau)} = \text{sign}(\tau)$. □

由命题 2.4.4 及命题 2.4.5 可以立即得到以下推论，请读者自己证明.

推论 2.4.2 设 $\sigma \in S_n$，则 σ 是奇（偶）置换当且仅当 σ 是奇数（偶数）多个对换之积.

我们知道含有 $1, 2, \cdots, n$ 的 n 元置换共有 $n!$ 个，其中奇偶置换各半，即各为 $\dfrac{n!}{2}$ 个. 由于恒等置换是偶置换，而两个偶置换之积仍为偶置换，因此 S_n 中所有偶置换构成一个 $\dfrac{n!}{2}$ 阶子群，记为 A_n，称为 n 次交错群（alternating group of degree n）.

我们来看一下循环置换的阶. 显然，每个对换的阶都是 2. 观察一个 3 - 循环 $(i_1 i_2 i_3)$，易见

$$(i_1 i_2 i_3)^2 = (i_1 i_3 i_2),$$
$$(i_1 i_2 i_3)^3 = (1).$$

类似地，对于一个 k - 循环 $(i_1 i_2 \cdots i_k)$，直接验算可得，当 $1 \leqslant l < k$ 时，

$$(i_1 i_2 \cdots i_k)^l = (i_1 i_{l+1} \cdots) \neq (1),$$

而 $(i_1 i_2 \cdots i_k)^k = (1)$. 因此，我们有以下定理.

定理 2.4.4 k - 循环的阶是 k.

最后，我们简单地介绍一下二面体群（dihedral group）. 一个 $2n(n \geqslant 3)$ 阶二面体群 D_n（注意，有的文献使用 D_{2n}）是一个正 n 边形（记顶点为 $1, 2, \cdots, n$）在平面上的对称群. 它包含了正 n 边形在平面上所有的刚体运动（定义见第 2.7 节）. 具体地说，D_n 包含 n 个绕坐标原点（即正 n 边形的几何中心）的旋转变换 $\text{id}, r, r^2,$ $\cdots, r^{n-1}$，其中 r 是正 n 边形绕坐标原点逆时针旋转 $\dfrac{2\pi}{n}$ 的变换（图 2.6），id 是正 n 边形的恒等变换；n 个反射变换，反射轴是那些经过原点和正 n 边形各顶点，以及各边中点的直线（图 2.7）.

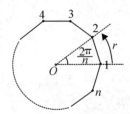

图 2.6 正 n 边形的旋转

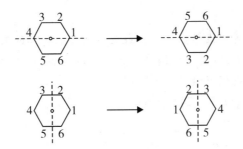

图2.7　正六边形的反射

用 t 来表示沿经过原点及顶点 1 的轴的反射变换，那么 D_n 的每个元素都可以表示为 $r^i t^j$，$i \in \{0, 1, \cdots, n-1\}$，$j \in \{0, 1\}$ 的形式. 请读者自己验证 D_n 的乘法运算满足：

$$(r^i t^j)(r^k t^l) = \begin{cases} r^{i+k} t^l, & j \text{ 是偶数}, \\ r^{i-k} t^{l+1}, & j \text{ 是奇数}. \end{cases}$$

例如，D_4 含有 8 个元素，包括正方形绕原点沿对称轴的 4 种轴反射变换（图 2.8）及 4 种旋转变换.

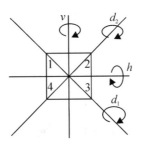

图2.8　正方形的反射

如果我们用顶点来表示图 2.8 中的变换，那么 $v = (12)(34)$，$h = (14)(23)$，$d_1 = (24)$，$d_2 = (13)$. 4 个旋转变换依次是 (1)，(1234)，(1432)，$(13)(24)$. 可见，D_4 是 S_4 的子群.

习　题　2.4

1. 考虑对称群 S_3，回答下列问题：
(1) 求 $(123)^{-1}$，$(23)^3 (132)^{-1} (13)^5$；
(2) 求 S_3 的所有元素的阶；
(3) 写出 S_3 的所有子群及生成元；
(4) 画出 S_3 的子群格；
(5) 找出 S_3 的所有中心元，及中心.
2. 证明：S_3 是阶数最低的非交换群.

3．在 S_4 中：

（1）将 S_4 的所有置换表示成循环，或互不相交的循环的乘积；

（2）将 (1432)，(234)，(1324) 表示成对换之积，并求它们的逆与阶；

（3）写出 S_4 的所有偶置换.

4．设 $a = (1234)$，$b = (24) \in S_4$.

（1）求 $|a|$ 及 $|b|$.

（2）证明：$ba = a^3b = a^{-1}b$.

（3）在 S_4 中，求子群 $H = \langle a,b \rangle$.

（4）求 $|H|$.

5．证明推论 2.4.2，继而进一步证明：每个置换表示成对换之积时，其对换个数的奇偶性不变.

6．将 S_7 中的下列置换表示为不相交的循环之积.

（1）$\begin{pmatrix} 1 & 2 & 3 & 4 & 5 & 6 & 7 \\ 2 & 5 & 6 & 3 & 7 & 4 & 1 \end{pmatrix}$；

（2）$(12)(12345)$；

（3）$(12)(2345)$；

（4）$(12)(13)(14)$；

（5）$(13)(2345)$；

（6）$(14)(12345)$；

（7）$(13)(1234)(13)$.

7．找出 S_n 的两组不同的生成元，并证明.

8．（1）写出 A_4 的所有元素.

（2）令 $K_4 = \{(1)，(12)(34)，(13)(24)，(14)(23)\}$. 证明：

（a）K_4 是 A_4 的一个交换子群；

（b）K_4 与 Klein 四元群同构.

9．陈述如何计算一个置换的逆置换，并计算以下置换的逆：

$$\begin{pmatrix} 1 & 2 & 3 & 4 & 5 & 6 & 7 \\ 2 & 5 & 6 & 3 & 7 & 4 & 1 \end{pmatrix}.$$

10．证明：$S_n(n \geq 3)$ 的乘法运算是不可交换的.（提示：找一对不可交换的对换.）

11．设 σ 与 τ 分别是 S_n 的奇置换与偶置换. 问：置换 $\sigma\tau$，σ^2，τ^2，σ^3，σ^{-1}，τ^{-1}，$\tau\sigma\tau^{-1}$ 中，哪些属于 A_n？

12．设 $\sigma = \sigma_1\sigma_2\cdots\sigma_t \in S_n$，其中 σ_1，σ_2，$\cdots$，σ_t 是两两不相交的循环，σ_i $(i = 1，2，\cdots，t)$ 是 k_i – 循环. 证明：σ 的阶是 k_1，k_2，$\cdots$，k_t 的最小公倍数.

2.5　子群的陪集

回忆一下，我们用等价关系：

$$a \sim b \text{ 当且仅当 } n \mid (a - b),$$

其中 a, $b \in \mathbf{Z}$, 对整数集合进行了分类, 得到

$$\mathbf{Z}_n = \{[0], [1], \cdots, [n-1]\},$$

并在 $\mathbf{Z}_n$ 上定义了加法, 即

$$[a] + [b] = [a + b],$$

使 $(\mathbf{Z}_n, +)$ 构成一个 n 阶循环群. 下面我们换一个角度来讨论 $\mathbf{Z}$ 与 $\mathbf{Z}_n$ 之间的关系. 事实上, $n \mid (a - b)$ 等价于 $a - b \in \langle n \rangle$, 因此我们也可以定义:

$$a \sim' b \text{ 当且仅当 } a - b \in \langle n \rangle,$$

其中 a, $b \in \mathbf{Z}$, 那么 $\sim'$ 是 $\mathbf{Z}$ 上的一个等价关系, 并且

$$\begin{cases} [0] = \{kn \mid k \in \mathbf{Z}\} = \langle n \rangle, \\ [1] = \{kn + 1 \mid k \in \mathbf{Z}\} = 1 + \langle n \rangle, \\ \cdots \\ [n-1] = \{kn + (n-1) \mid k \in \mathbf{Z}\} = n - 1 + \langle n \rangle. \end{cases}$$

是 $\mathbf{Z}_n$ 的所有元素, 即

$$\mathbf{Z}_n = \mathbf{Z}/\sim' = \{a + \langle n \rangle \mid a \in \mathbf{Z}\}.$$

注意到, $-b$ 是 b 的负元, $\langle n \rangle$ 是 $\mathbf{Z}$ 的一个子群. 我们可以把 $\mathbf{Z}$ 上等价关系的定义方式推广到一般的群上.

命题 2.5.1　设 G 是一个群, H 是 G 的子群. 在 G 上定义关系: 对任意的 a, $b \in G$,

$$a \sim b \text{ 当且仅当 } ab^{-1} \in H,$$

则 $\sim$ 是 G 上的等价关系, 并且对任意的 $a \in G$, 有 $[a] = Ha$.

证明: 我们把 $\sim$ 是 G 上的等价关系留给读者自己证明. 由于对任意的 $a \in G$,

$$x \in [a] \Leftrightarrow x \sim a \Leftrightarrow xa^{-1} \in H \Leftrightarrow x \in Ha,$$

因此有 $[a] = Ha$. □

称 Ha 是子群 H 的一个右陪集 (right coset). 设 $\{a_i \mid i \in I\}$ 是命题 2.5.1 中定义的关系 $\sim$ 的一个完全代表元系, 则 G 的商集 (即所有不同右陪集的集合) $P = \{Ha_i \mid i \in I\}$ 是 G 的一个分类. 称

$$G = \bigcup_{i \in I} Ha_i$$

是 G 的一个右陪集分解 (decomposition by right cosets).

下面的命题给出了右陪集的重要性质, 其证明可以由右陪集和集合分类的定义得到, 我们把它留给读者.

命题 2.5.2　设 G 是一个群, H 是 G 的子群, a, $b \in G$, 则下面结论成立:

(1) $a \in Ha$;

(2) $Ha = H$ 当且仅当 $a \in H$;

(3) $b \in Ha$ 当且仅当 $Ha = Hb$;

(4) $Ha = Hb$ 当且仅当 $ab^{-1} \in H$;

(5) 若 $Ha \cap Hb$ 非空, 则 $Ha = Hb$.

对称地, 如果我们定义: 对任意的 a, $b \in G$,

$$a \sim' b \text{ 当且仅当 } a^{-1}b \in H,$$

则由 $\sim'$ 产生的等价类为 $aH(a \in G)$. 称 aH 为 H 的一个左陪集（left coset）. 下面我们讨论右陪集与左陪集之间的关系. 先观察下面的例子.

例 2.5.1 取 S_3 的子群 $H = \{(1), (1\,2)\}$，则 H 的右陪集为
$$H(1) = \{(1), (1\,2)\} = H(1\,2),$$
$$H(1\,3) = \{(1\,3), (1\,3\,2)\} = H(1\,3\,2),$$
$$H(2\,3) = \{(2\,3), (1\,2\,3)\} = H(1\,2\,3).$$
左陪集为
$$(1)H = \{(1), (1\,2)\} = (1\,2)H,$$
$$(1\,3)H = \{(1\,3), (1\,2\,3)\} = (1\,2\,3)H,$$
$$(2\,3)H = \{(2\,3), (1\,3\,2)\} = (1\,3\,2)H.$$
显然，
$$(1\,3)H \neq H(1\,3).$$
因此，一般地，H 的左陪集 aH 与右陪集 Ha 不同. 但下面的命题表明，H 的左陪集、右陪集的个数是相同的.

命题 2.5.3 G 是一个群，H 是 G 的子群. 令
$$S = \{Ha \mid a \in G\},$$
$$T = \{aH \mid a \in G\},$$
则 S 与 T 具有相同的基数.

证明： 定义 $\phi: S \to T$，$\phi(Ha) = a^{-1}H$，$a \in G$. 由命题 2.5.2(4) 可得
$$Ha = Hb \Leftrightarrow ab^{-1} \in H$$
$$\Leftrightarrow (b^{-1})^{-1}a^{-1} \in H$$
$$\Leftrightarrow a^{-1}H = b^{-1}H,$$
其中，$a, b \in G$. 因此，ϕ 是一个单射. 显然，ϕ 是一个满射. 因此，ϕ 是 S 到 T 的双射，从而 S 和 T 具有相同的基数. $\qquad\square$

子群 H 在群 G 中所有左陪集的个数，称为 H 在 G 中的指数（index），记为 $[G: H]$.

如果 $H = \{e\}$，那么 H 在 G 中的每个左（右）陪集都是单点集，从而 $[G: H] = |G|$.

引理 2.5.1 设 H 是群 G 的子群，则 H 的任意两个左陪集具有相同的基数，即都为 $|H|$.

证明： 设 aH，bH 是 H 的两个左陪集. 可以证明映射 $aH \to bH$，$g \mapsto ba^{-1}g$，$g \in aH$ 是一个双射. 因此，$|aH| = |bH|$. 取 $b = e$，于是有 $|aH| = |H|$. $\qquad\square$

我们尤其关注 $|H|$ 是有限的情形，此时 H 的任意一个左陪集都含有有限多个元素，且元素个数与 H 的元素个数相同.

定理 2.5.1（Lagrange 定理）设 G 是一个有限群，H 是 G 的子群，则
$$|G| = |H|[G: H].$$
从而，G 的任意子群的阶都整除 G 的阶.

证明： 设 $G = \bigcup_{i=1}^{t} a_i H$ 是 H 的左陪集分解，其中 $t = [G: H]$. 由引理 2.5.1 可得

$$|G| = \sum_{i=1}^{t} |a_i H| = |H| \cdot t = |H| [G : H].$$

由 Lagrange 定理，可以立即得到以下推论.

推论 2.5.1　设 G 是一个 n 阶有限群，$a \in G$，则以下结论成立.

(1) $|a| \mid |G|$；

(2) $a^n = e$.

证明：(1) 设 H 是 G 的由 a 生成的循环子群，则 $|H| = |a|$. 而由 Lagrange 定理，$|H|$ 整除 $|G|$. 因此，$|a|$ 整除 $|G|$.

(2) 由 (1) 知，$|a| \mid |G|$. 设 $n = |a| t$，$t \in \mathbf{N}$，则有

$$a^n = a^{|a| t} = e.$$

命题 2.5.4　设 G 是一个群，H 是 G 的子群，K 是 H 的子群，则

$$[G : K] = [G : H][H : K].$$

证明：令 $G = \cup_{i \in I} H a_i$，与 $H = \cup_{j \in J} K b_j$ 分别是 G 与 H 的右陪集分解，则 $G = \cup_{\substack{i \in I \\ j \in J}} K b_j a_i$. 下面证明 $\{K b_j a_i \mid a_i, b_j \in G, i \in I, j \in J\}$ 是子群 K 在 G 中所有不同的右陪集，从而 $[G : K] = |I| \cdot |J| = [G : H][H : K]$.

假若 $K b_j a_i = K b_{j_1} a_{i_1}$，$i, i_1 \in I$，$j, j_1 \in J$，只需证明 $i = i_1$，$j = j_1$. 由命题 2.5.2 知 $b_j a_i (b_{j_1} a_{i_1})^{-1} \in K$，即 $b_j a_i a_{i_1}^{-1} b_{i_1}^{-1} \in K$. 而 $b_j, b_{j_1}^{-1} \in H$，$K \subseteq H$，故 $a_i a_{i_1}^{-1} \in H$. 这表明 $H a_i = H a_{i_1}$，从而 $i = i_1$. 因此，$K b_j = K b_{j_1}$，$j = j_1$.

设 H，K 是群 G 的子群. 如果 H，K 中有一个是无限集，那么显然 HK 也是无限的. 下面设 H 和 K 都是有限的. 我们知道 HK 未必是 G 的子群，因此，$|HK|$ 也未必整除 $|G|$. 然而，Lagrange 定理可以帮助我们确定 $|HK|$，即我们有下面的定理.

定理 2.5.2　设 H，K 是群 G 的有限子群，则

$$|HK| = \frac{|H| |K|}{|H \cap K|}.$$

证明：记 $A = H \cap K$. 由于 H，K 是 G 的子群，故 A 也是 G 的子群. 因为 $A \subseteq H$，所以 A 也是 H 的子群. 由 Lagrange 定理知 $|A| \mid |H|$. 令 $n = \dfrac{|H|}{|A|}$，则 $[H : A] = n$，并且 A 在 H 中有 n 个不同的左陪集. 设 $\{x_1 A, x_2 A, \cdots, x_n A\}$ 是 A 在 H 中所有不同的左陪集，则有 $H = \cup_{i=1}^{n} x_i A$. 由于 $A \subseteq K$，于是有

$$HK = \left(\cup_{i=1}^{n} x_i A \right) K = \cup_{i=1}^{n} x_i K.$$

下面证明，若 $i \neq j$，则有 $x_i K \cap x_j K = \varnothing$，否则存在 $i \neq j$，使 $x_i K = x_j K$. 于是 $x_i^{-1} x_j \in K$. 而 $x_i^{-1} x_j \in H$，因此 $x_i^{-1} x_j \in A$. 故 $x_i A = x_j A$. 这与假设 $x_1 A, x_2 A, \cdots, x_n A$ 是不同的左陪集相矛盾. 因此，$x_1 K, x_2 K, \cdots, x_n K$ 是 K 的所有不同的左陪集. 故 $|K| = |x_i K|$，$i = 1, \cdots, n$. 从而

$$|HK| = |x_1 K| + |x_2 K| + \cdots + |x_n K| = n|K| = \frac{|H| |K|}{|A|} = \frac{|H| |K|}{|H \cap K|}.$$

由定理 2.5.9，可以立即得到以下推论.

推论 2.5.2 设 H, K 是群 G 的有限子群, 且 $H \cap K = \{e\}$. 则
$$|HK| = |H||K|.$$

习 题 2.5

1. 在 S_3 中:

(1) 写出 $H = \{(1), (23)\}$ 的所有右陪集;

(2) 找出 S_3 的一个子群 A, 使 $H(123)$ 是 A 的一个左陪集.

2. 写出 $6\mathbf{Z}$ 在 $(\mathbf{Z}, +)$ 的所有右陪集.

3. 设 $H = \{(1), (14)(23), (13)(24), (12)(34)\}$. 证明: H 是 S_4 的子群. 写出 H 在 S_4 的所有右陪集和左陪集.

4. 证明推论 2.5.1.

5. 证明: 素数阶群一定是循环群.

6. 找出 S_4 中阶为 4 的所有子群.

7. 设群 G 的阶为 pq, $p > q$, 且 p, q 是素数. 证明: G 最多有一个阶为 p 的子群.

8. 写出 Klein 四元群
$$K_4 = \{(1), (12)(34), (13)(24), (14)(23)\}$$
的所有子群.

9. 设群 G 的阶小于 200, 且 G 中有阶为 25 和 35 的子群. 试求 G 的阶.

10. 判断下列命题的真假. 如果命题为真, 请给出证明; 否则, 请给出反例.

(1) 在一个群中, 一个子群的每个左陪集都是一个右陪集;

(2) 在阶为 40 的群中, 存在一个阶为 12 的子群;

(3) 在一个群中, 一个子群的两个左陪集之积也是一个左陪集;

(4) 设 $G = \langle a \rangle$ 是一个阶为 30 的循环群, 则 $[G : \langle a^5 \rangle] = 5$;

(5) 设群 G 的阶为 p^2, p 是一个素数, 则 G 的每个真子群都是循环群;

(6) 设 G 是一个群, H 和 K 分别是 G 中阶为 p 和 q 的子群, p, q 是不同的素数, 则 $|HK| = pq$.

11. (Poincaré 定理) 设 G 是一个群, H, K 是 G 中指数有限的子群. 证明: $H \cap K$ 在 G 中的指数有限.

2.6 正规子群、同余与商群

我们已经知道, 给定一个群 G 和它的一个子群 H, G 有左陪集分解和右陪集分解两种形式的分解. 换句话说, G 可以表示为 H 的不同左(右)陪集的不交并. 这两种分解是由 Galois 于 1831 年在置换群的研究中首次发现的. 对于左陪集与右陪集相等的情形, Galois 称其为"真"分解, 现代术语称这样的子群是正规的. 正规子群是本节要介绍的核心内容. Galois 利用根的置换群的正规子群, 以及由正规子群确定的

商群的思想证明了多项式方程的可解性问题.

可以说，正规子群的概念是群论最具影响力的创新思想. I. N. Herstein（1923—1988 年）曾经如此评价正规子群："这是对 Galois 天赋的致敬，他意识到那些左右陪集相等的子群是与众不同的." 在数学研究中，能够认识并发现内在思想结构是至关重要的，这会为研究工作带来事半功倍的效果.

定义 2.6.1　设 G 是一个群，H 是 G 的一个子群. 若对任意 $a \in G$，都有 $Ha = aH$，则称 H 是 G 的正规子群（normal subgroup），记作 $H \lhd G$.

显然，每个群 G 都有两个平凡的正规子群，即 G 与 $\{e\}$. 只有平凡正规子群的群称为单群（simple group）.

如果 G 是一个交换群，那么它的每个子群都是正规子群，但反之不然：每个子群都是正规子群的群未必是交换群［例 2.6.2(3)］. 容易证明，每个群的中心都是该群的正规子群（习题 2.6 第 2 题）. 如果 $f: G \to \tilde{G}$ 是一个群同态，那么 $\mathrm{Ker}f$ 是 G 的正规子群（例 2.6.3）. 我们知道，子群具有传递性，即子群的子群是原群的子群，但正规子群不传递（习题 2.6 第 3 题）.

值得注意的是，H 是 G 的正规子群，并不表明对所有的 $h \in H$，$a \in G$，都有 $ah = ha$. 见下面的例子.

例 2.6.1　在 S_3 中考虑子群 $H = \{(1), (123), (132)\}$. 下面分别计算 H 的左陪集和右陪集. H 在 S_3 中的左陪集为
$$(1)H = (123)H = (132)H = H,$$
以及
$$(23)H = (13)H = (12)H = \{(23), (12), (13)\}.$$
H 在 S_3 中的右陪集为
$$H(1) = H(123) = H(132) = H,$$
以及
$$H(23) = H(13) = H(12) = \{(23), (12), (13)\}.$$
由正规子群的定义知，H 是 S_3 的正规子群. 然而，对于 $a = (123) \in H$，
$$(23)a = (13) \neq (12) = a(23),$$
尽管 $(23)H = H(23)$. 事实上，在本例中，$H = A_3$.

下面的定理给出了正规子群的几个等价刻画.

定理 2.6.1（正规子群判定定理）　设 G 是一个群，H 是 G 的子群，则以下命题等价：

（1）H 是 G 的正规子群；

（2）对任意的 $a \in G$，都有 $aHa^{-1} = H$；

（3）对任意的 $a \in G$，都有 $aHa^{-1} \subseteq H$；

（4）对任意的 $a \in G$，$h \in H$，都有 $aha^{-1} \in H$；

（5）对任意的 $a, b \in G$，都有 $(aH)(bH) = abH$.

证明：（1）$\Rightarrow$（2）：假设 H 是 G 的正规子群，$a \in G$，则 $aH = Ha$，进而 $aHa^{-1} = Haa^{-1} = H$.

57

(2)⇒(3) 及 (3)⇔(4) 是显然的.

(3)⇒(1)：设对任意的 $a \in G$, $aHa^{-1} \subseteq H$ 成立. 用 a^{-1} 替换 a 可得 $a^{-1}Ha \subseteq H$, 从而有 $aa^{-1}Haa^{-1} \subseteq aHa^{-1}$, 即 $H \subseteq aHa^{-1}$. 因此, $H = aHa^{-1}$, 进而有 $Ha = aHa^{-1}a = aH$. 故 H 是 G 的正规子群.

(1)⇒(5)：设 $a, b \in G$, 则
$$(aH)(bH) = a(Hb)H = a(bH)H = ab(HH).$$
由于 H 是 G 的子群, 故 $HH = H$, 从而 $(aH)(bH) = abH$.

(5)⇒(1)：设 $a \in G$. 由
$$aHa^{-1} = aHa^{-1}e \subseteq (aH)(a^{-1}H) = aa^{-1}H = eH = H,$$
及 (3)⇒(1) 可得 H 是 G 的正规子群. □

例 2.6.2 (1) $H = \{(1), (12)\}$ 不是 S_3 的正规子群.

(2) 若 H 是群 G 的指数为 2 的子群, 则 H 是 G 的正规子群. 这是因为, 如果 $a \notin H$, 由假设知 $G = H \cup aH$, 且 $aH \cap H = \varnothing$. 同样地, $G = H \cup Ha$, $Ha \cap H = \varnothing$, 从而 $Ha = aH$. 因此, 对任意的 $g \in G$, $gH = Hg$, 这表明 H 是 G 的正规子群.

(3) 设 G 是形如习题 2.1 第 6 题的四元数群, 则 G 是所有子群都是正规子群的非交换群. 这是因为, G 的非平凡子群的阶只能为 2 或 4. 而 G 中只有一个阶为 2 的子群：
$$\left\{ \begin{pmatrix} 1 & 0 \\ 0 & 1 \end{pmatrix}, \begin{pmatrix} -1 & 0 \\ 0 & -1 \end{pmatrix} \right\}.$$
它显然是正规子群. 由于 G 中阶为 4 的子群指数为 2, 由 (2) 知, 这样的子群都是正规的.

例 2.6.3 设 $f: G \rightarrow \tilde{G}$ 是一个群同态, 则 $\mathrm{Ker}f$ 是 G 的正规子群.

证明： 我们已经知道 $\mathrm{Ker}f$ 是 G 的子群. 任取 $a \in G$, $h \in \mathrm{Ker}f$, 则
$$f(aha^{-1}) = f(a)f(h)(f(a))^{-1} = f(a)\tilde{e}(f(a))^{-1} = \tilde{e},$$
这里, $\tilde{e}$ 是 $\tilde{G}$ 的单位元. 因此, $aha^{-1} \in \mathrm{Ker}f$. 由正规子群的判别定理可得, $\mathrm{Ker}f$ 为 G 的正规子群. □

命题 2.6.1 设 H 与 K 是群 G 的正规子群, 则以下命题成立：

(1) $H \cap K$ 是群 G 的正规子群；

(2) $HK = KH$ 是群 G 的正规子群；

(3) $\langle H \cup K \rangle = HK$.

证明： (1) 命题 2.2.3 已经证明 $H \cap K$ 是群 G 的子群. 设 $g \in G$, $a \in H \cap K$. 由定理 2.6.1(4) 知, 只需证明 $gag^{-1} \in H \cap K$. 由于 $a \in H \cap K$, 故 $a \in H$, 且 $a \in K$. 由已知, H 与 K 是 G 的正规子群, 得到 $gag^{-1} \in H$, 并且 $gag^{-1} \in K$, 即 $gag^{-1} \in H \cap K$.

(2) 首先证明 $HK = KH$. 注意到,
$$HK = \cup_{h \in H} hK = \cup_{h \in H} Kh = KH.$$
习题 2.2 第 12 题表明, 如果 H 和 K 是 G 的子群, 并且 $HK = KH$, 那么 HK 也是 G 的子群. 下面进一步证明 HK 是 G 的正规子群. 设 $g \in G$. 由 H 和 K 是 G 的正规子群知
$$gHK = HgK = HKg,$$

故 HK 是 G 的正规子群.

（3）由（2）知 HK 是 G 的子群. 再由命题2.2.4知 $HK = \langle H \cup K \rangle$. □

定理2.2.4证明了一个群的所有子群关于集合的包含关系做成一个子群格. 对于正规子群, 我们有类似的结论, 请读者参考定理2.2.4的证明过程证明下面的命题.

命题2.6.2 记群 G 的所有正规子群构成的集合为 $\mathrm{Nor}(G)$, 那么 $\mathrm{Nor}(G)$ 关于集合的包含关系构成一个格.

根据命题2.6.1, 对群 G 的任意正规子群 H 和 K, 都有 $H \wedge K = H \cap K$, $H \vee K = HK$, 其哈斯图如图2.9所示.

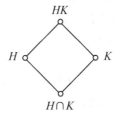

图2.9　正规子群 H 和 K 的哈斯图

给定一个群 G 及其子群 H, 利用 H 的左（右）陪集可以对 G 进行分类, 产生相应的商集. 我们希望这样的商集拥有与群同样的代数结构, 即在商集上定义恰当的二元运算, 使之也构成一个群. 比较自然的定义方式是: 对任意 $a, b \in G$, 规定

$$aH \cdot bH = (ab)H. \tag{2.5}$$

然而, 如上定义未必是合理的. 让我们先来观察一个例子.

例2.6.4 设 $H = \{(1), (23)\}$, 则 H 是 S_3 的子群, 但 H 不是 S_3 的正规子群. 因为 H 的左陪集为

$$H, \{(13), (132)\}, \{(12), (123)\},$$

右陪集为

$$H, \{(13), (123)\}, \{(12), (132)\}.$$

于是

$$(13)H = (132)H,$$

并且

$$(12)H = (123)H.$$

按照式（2.5）的定义方式在商集 S_3/H 上定义 "·", 直接计算可得

$$((12)H) \cdot ((13)H) = ((12)(13))H = (132)H,$$

而

$$((123)H) \cdot ((132))H = ((123)(132))H = (1)H.$$

这表明·不是良好定义的. 导致这个结果的原因是: H 不是 S_3 的正规子群.

定理2.6.2 设 N 是群 G 的正规子群. 记所有左陪集的集合 $\{aN \mid a \in G\}$ 为 G/N, 并在 G/N 中引入乘法: 对任意的 $aN, bN \in G/N$, 有

$$aN \cdot bN = abN. \tag{2.6}$$

则 $(G/N,\cdot)$ 构成一个群. 并且商映射 $\pi\colon G\to G/N$, $\pi(x)=xN$, $x\in G$ 是一个满态, 满足 $\mathrm{Ker}\pi=N$.

证明: 我们先证明式 (2.6) 定义的运算是良好定义的. 假设 $aN=a_1N$, $bN=b_1N$, a, a_1, b, $b_1\in G$, 由命题 2.5.2 可得 $a^{-1}a_1$, $b^{-1}b_1\in N$. 因为 N 是 G 的正规子群, 所以 $b^{-1}a^{-1}a_1b\in N$. 故

$$(ab)^{-1}a_1b_1=b^{-1}a^{-1}a_1b_1=(b^{-1}a^{-1}a_1b)(b^{-1}b_1)\in NN\subseteq N.$$

从而 $(ab)N=(a_1b_1)N$.

下面证明 $(G/N,\cdot)$ 满足结合律. 设 aN, bN, $cN\in G/N$, 等式

$$aN\cdot(bN\cdot cN)=aN\cdot(bcN)=a(bc)N=(ab)cN=abN\cdot cN=(aN\cdot bN)\cdot cN,$$

验证了结合律成立. 显然, $eN\in G/N$, 并且

$$eN\cdot aN=eaN=aN=aeN=aN\cdot eN,$$

这说明 eN 是 G/N 的单位元. 而

$$aN\cdot a^{-1}N=aa^{-1}N=eN=a^{-1}aN=a^{-1}N\cdot aN,$$

表明 aN 的逆元为 $a^{-1}N$. 由此, 我们得到 $(G/N,\cdot)$ 是一个群.

显然, π 是一个满射. 对任意的 x, $y\in G$, 由

$$\pi(xy)=xyN=xN\cdot yN=\pi(x)\cdot\pi(y)$$

知 π 是一个同态. 最后, 由于 $xN=eN$ 当且仅当 $x\in N$, 因此有

$$\mathrm{Ker}\pi=\{x\in G\mid\pi(x)=eN\}=N. \qquad\square$$

定义 2.6.2 设 G 是一个群, N 是 G 的正规子群. 群 G/N 称为 G 关于正规子群 N 的**商群** (quotient group), G/N 中的元素称为 N 的**陪集** (coset).

注 2.6.1 商群 G/N 中的元素就是 N 在 G 中的陪集, 因此当 G 是有限群时,

$$[G:N]=|G/N|=|G|/|N|.$$

现在, 再来分析一下模 n 的剩余类加群 $(\mathbf{Z}_n,+)$. 因为 $\mathbf{Z}$ 是交换群, 所以子群 $\langle n\rangle$ 是 $\mathbf{Z}$ 的正规子群. 由定理 2.6.2 知 $(\mathbf{Z}/\langle n\rangle,+)$ 是一个群, 其运算为

$$(a+\langle n\rangle)+(b+\langle n\rangle)=a+b+\langle n\rangle,$$

其中, $a+\langle n\rangle$, $b+\langle n\rangle\in\mathbf{Z}/\langle n\rangle$. 而

$$\mathbf{Z}/\langle n\rangle=\{0+\langle n\rangle,1+\langle n\rangle,\cdots,n-1+\langle n\rangle\}.$$

下面观察更具体的例子.

例 2.6.5 考虑 $\mathbf{Z}$ 的正规子群 $3\mathbf{Z}$. 则 $3\mathbf{Z}$ 在 $\mathbf{Z}$ 中的陪集为

$$[0]=0+3\mathbf{Z}=\{\cdots,-3,0,3,6,\cdots\}$$
$$[1]=1+3\mathbf{Z}=\{\cdots,-2,1,4,7,\cdots\}$$
$$[2]=2+3\mathbf{Z}=\{\cdots,-1,2,5,8,\cdots\}.$$

商群 $\mathbf{Z}/3\mathbf{Z}$ 的运算表为

+	[0]	[1]	[2]
[0]	[0]	[1]	[2]
[1]	[1]	[2]	[0]
[2]	[2]	[0]	[1]

例 2.6.6　考虑 S_3 的正规子群 $A_3 = \{(1)，(123)，(132)\}$，则 A_3 在 S_3 中的陪集为 A_3 及 $(12)A_3$. 商群 S_3/A_3 的乘法表如下:

·	A_3	$(12)A_3$
A_3	A_3	$(12)A_3$
$(12)A_3$	$(12)A_3$	A_3

事实上，这个群同构于 $\mathbf{Z}_2$. 现在，分析一下商群与原群的联系. 第一眼看上去，商群 S_3/A_3 中陪集的乘法运算似乎复杂而奇怪；然而，S_3/A_3 是一个小阶群（相对原群的阶）. 商群展示了原群 S_3 的某类信息. 首先，A_3 是 S_3 所有偶置换做成的群，$(12)A_3 = \{(12)，(13)，(23)\}$ 是 S_3 所有奇置换的集合. 从商群 S_3/A_3 中捕获的信息是奇偶性，即，任意两个奇置换或任意两个偶置换之积是偶置换，而一个偶置换与一个奇置换之积是奇置换.

定理 2.6.3（群的同态基本定理）　设 $f: G \to \tilde{G}$ 是群的满同态，$\pi: G \to G/\mathrm{Ker}f$ 是商同态，则存在群同构 $\tilde{f}: G/\mathrm{Ker}f \to \tilde{G}$ 满足 $\tilde{f}\pi = f$（图 2.10）.

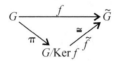

图 2.10　群的同态基本定理

证明：事实上，我们只有一种可能的方法定义 $\tilde{f}$，使 $\tilde{f}\pi = f$，即 $\tilde{f}(a\mathrm{Ker}f) = f(a)，\forall a \in G.$

下面必须证明 $\tilde{f}$ 是良好定义的，即 $\tilde{f}(a\mathrm{Ker}f)$ 与陪集的代表元 $a\mathrm{Ker}f$ 选择无关. 设 $a_1，a_2 \in G，a_1\mathrm{Ker}f = a_2\mathrm{Ker}f$，我们需要证明 $f(a_1) = f(a_2)$. 这是因为

$$a_1\mathrm{Ker}f = a_2\mathrm{Ker}f \Leftrightarrow a_2^{-1}a_1 \in \mathrm{Ker}f$$
$$\Leftrightarrow f(a_2^{-1}a_1) = \tilde{e}$$
$$\Leftrightarrow f(a_2)^{-1}f(a_1) = \tilde{e}$$
$$\Leftrightarrow f(a_1) = f(a_2)，$$

其中，$\tilde{e}$ 为 $\tilde{G}$ 的单位元. 上式同时表明 $\tilde{f}$ 是一个单射. 事实上，

$$\tilde{f}(a_1\mathrm{Ker}f) = \tilde{f}(a_2\mathrm{Ker}f) \Rightarrow f(a_1) = f(a_2)$$
$$\Rightarrow a_1\mathrm{Ker}f = a_2\mathrm{Ker}f.$$

因为 f 是满射，所以 $\tilde{f}$ 是一个满射. 最后，

$$\tilde{f}(a_1\mathrm{Ker}f \cdot a_2\mathrm{Ker}f) = \tilde{f}(a_1a_2\mathrm{Ker}f) = f(a_1a_2) = f(a_1)f(a_2) = \tilde{f}(a_1\mathrm{Ker}f)\tilde{f}(a_2\mathrm{Ker}f)$$

表明 $\tilde{f}$ 是一个群同态，从而 $\tilde{G} \cong G/\mathrm{Ker}f.$ □

显然，对于任意群同态 $f: G \to \tilde{G}$，都有 $f: G \to \mathrm{Im}f$ 是一个满同态. 因此，由定理 2.6.3 立即可以得到以下推论.

推论 2.6.1 设 $f: G \to \tilde{G}$ 是一个群同态，则 $\mathrm{Im}f \cong G/\mathrm{Ker}f$.

例 2.6.7 设 $G = \langle a \rangle$ 是阶为 m 的循环群. 定义映射 $f: \mathbf{Z} \to G$ 为 $f(n) = a^n$，$n \in \mathbf{Z}$，则 f 是一个同态，因为

$$f(n + k) = a^{n+k} = a^n a^k = f(n)f(k), \ \forall n, k \in \mathbf{Z}.$$

由 a 是 G 的生成元知 f 是一个满态. 而

$$\mathrm{Ker}f = \{n \in \mathbf{Z} \mid a^n = e\} = \langle m \rangle.$$

因此，由定理 2.6.3 可得 $\mathbf{Z}/\langle m \rangle \cong G$. 这表明，所有阶为 m 的循环群都同构于 $\mathbf{Z}/\langle m \rangle$，也就是 $\mathbf{Z}_m$. 这与定理 2.3.1 的结论是一致的.

我们已经看到正规子群在群的商结构讨论中扮演着极为重要的角色，即商群是由正规子群确定的. 而对于一个具有二元运算的代数 $(A, \cdot)$，如果 ρ 是 A 上的一个同余，那么由 A 的运算可以诱导出商集 A/ρ 的一个运算，使之成为 A 的商代数. 可见，同余是一个代数产生商代数的本质. 那么，对于群这个特殊的具有一个二元运算的代数，它的同余与正规子群之间到底有什么关系呢？下面就将详细地剖析这一问题. 对群的正规子群与同余的研究手法同样适用于环的理想与同余的讨论.

代数同余的定义在第 1 章已经给出，落实到群上，我们有如下的定义：设 G 是一个群，ρ 是 G 上的等价关系. 称 ρ 为一个同余，如果 ρ 关于群 G 的运算是相容的，即对任意的 $a, b, c \in G$，

$$a \rho b \Rightarrow ac \rho bc \text{ 且 } ca \rho cb. \tag{2.7}$$

容易证明，群 G 上的等价关系 ρ 是一个同余，当且仅当对任意的 $a, b, c, d \in G$，都有

$$a \rho b \Rightarrow cad \rho cbd. \tag{2.8}$$

命题 2.6.3 设 G 是一个群，ρ 是 G 上的等价关系，则以下命题成立：

(1) ρ 是 G 的同余当且仅当对任意的 $a, b, c, d \in G$，都有

$$a \rho b, c \rho d \Rightarrow ac \rho bd;$$

(2) 若 ρ 是 G 的同余，则对任意的 $a, b \in G$，都有

$$a \rho b \Rightarrow a^{-1} \rho b^{-1}.$$

证明： (1) 由命题 1.6.1 可得.

(2) 设 ρ 是 G 的同余，且 $a \rho b$，$a, b \in G$. 那么由式(2.8)，有

$$b^{-1} = b^{-1}aa^{-1} \rho \, b^{-1}ba^{-1} = a^{-1}.$$

故 $b^{-1} \rho a^{-1}$. □

命题 2.6.4 设 $f: G \to \tilde{G}$ 是一个群同态，则 G 上的二元关系 $\mathrm{ker}f$ 是 G 的同余.

证明： 命题 1.5.1 已经证明 $\mathrm{ker}f$ 是 G 上的等价关系. 任取 $a, b, c \in G$，由

$$a \, \mathrm{ker}f \, b \Rightarrow f(a) = f(b)$$
$$\Rightarrow \forall c \in G, f(a)f(c) = f(b)f(c), f(c)f(a) = f(c)f(b)$$
$$\Rightarrow \forall c \in G, f(ac) = f(bc), f(ca) = f(cb)$$
$$\Rightarrow \forall c \in G, ac \, \mathrm{ker}f \, bc, ca \, \mathrm{ker}f \, cb,$$

知 $\mathrm{ker}f$ 是 G 的同余. □

下面我们逐步来说明群同余与正规子群的一一对应关系.

命题 2.6.5　设 G 是一个群，ρ 是 G 上的同余，则 $[e]_\rho$ 是 G 的一个正规子群，并且 $[a] = a[e]$，$\forall a \in G$.

证明： 我们首先证明 $[e]_\rho$ 是 G 的子群. 显然 $[e]_\rho \neq \varnothing$，因为 $e \in [e]_\rho$. 任取 x，$y \in [e]_\rho$，由于 $y \rho e$，故 $y^{-1} \rho e$. 又因为 $x \rho e$，所以 $xy^{-1} \rho e$，即 $xy^{-1} \in [e]_\rho$. 这表明 $[e]_\rho$ 是 G 的子群.

下面证明 $[e]_\rho$ 是 G 的正规子群. 任取 $a \in G$，$x \in [e]_\rho$. 由 $x \rho e$ 及式 (2.8) 知 $axa^{-1} \rho aea^{-1}$，即 $axa^{-1} \rho e$，从而 $axa^{-1} \in [e]_\rho$. 由定理 2.6.1 可得 $[e]_\rho$ 是 G 的正规子群.

设 $h \in [e]$，$a \in G$，则

$$h \rho e \Rightarrow ah \rho a \Rightarrow ah \in [ah] = [a] \Rightarrow a[e] \subseteq [a].$$

再任取 $x \in [a]$，则

$$x \rho a \Rightarrow a^{-1}x \rho e \Rightarrow a^{-1}x \in [e] \Rightarrow x \in a[e],$$

从而有 $[a] \subseteq a[e]$. 因此，$[a] = a[e]$.　　　　　□

定理 2.6.4　设 G 是一个群，$\sim$ 是 G 上的等价关系，$G/\sim\, = \{[a] \mid a \in G\}$. 对任意的 a，$b \in G$，定义

$$[a] \cdot [b] = [ab], \tag{2.9}$$

则以下命题等价：

(1) $\sim$ 是 G 的同余；

(2) 式 (2.9) 是良好定义的；

(3) $(G/\sim, \cdot)$ 是群；

(4) $[e]$ 是 G 的正规子群，且对任意的 $a \in G$，都有 $[a] = a[e]$.

证明： (1)$\Rightarrow$(2)$\Rightarrow$(3) 易证. (3)$\Rightarrow$(1) 由定理 1.6.1 可得. (1)$\Rightarrow$(4) 由命题 2.6.5 得到.

(4)$\Rightarrow$(1)：设 $a \sim a'$，$b \sim b'$，a，a'，b，$b' \in G$，则

$$[a] = [a]'，[b] = [b'] \Rightarrow a[e] = a'[e]，b[e] = b'[e] \Rightarrow a^{-1}a'，b^{-1}b' \in [e].$$

由于 $[e]$ 是 G 的正规子群，故

$$(ab)^{-1}a'b' = (b^{-1}a^{-1}a'b)b^{-1}b' \in [e].$$

因此，$ab[e] = a'b'[e]$. 由已知条件立即可得 $[ab] = [a'b']$，即 $ab \sim a'b'$.　　　　　□

命题 2.6.5 说明一个群的单位元所在的同余类是一个正规子群. 反过来，一个正规子群也可确定一个同余.

命题 2.6.6　G 是一个群，N 是 G 的正规子群. 在 G 上定义关系 ρ_N：

$$\forall a, b \in G, \ a \rho_N b \text{ 当且仅当 } ab^{-1} \in N,$$

则 ρ_N 是 G 的一个同余.

证明： 命题 2.5.1 已经证明，ρ_N 是 G 的一个等价关系，下面证明 ρ_N 是一个同余. 假设 $a \rho_N b$，a，$b \in G$，则 $ab^{-1} \in N$. 对任意的 $c \in G$，有

$$ac(bc)^{-1} = acc^{-1}b^{-1} = ab^{-1} \in N,$$

这表明 $ac \rho_N bc$. 由于 N 是 G 的正规子群，并且 $ab^{-1} \in N$，故

$$(ca)(cb)^{-1} = c(ab^{-1})c^{-1} \in N.$$

从而 $ca\,\rho_N\,cb$. 由同余定义即得 ρ_N 是 G 上的同余. □

定理 2.6.5 设 G 是一个群，H 是 G 的子群. 定义

$$\forall a,\ b \in G,\ a \sim b \Leftrightarrow a^{-1}b \in H.$$

令 $G/H = \{aH \mid a \in G\}$，定义

$$aH \cdot bH = abH. \tag{2.10}$$

以下命题等价：

（1）$(G/H, \cdot)$ 是群；

（2）H 是 G 的正规子群；

（3）$\sim$ 是 G 的同余.

证明： 容易证明，$\sim$ 是 G 上的等价关系，并且对任意的 $a \in G$，都有 $[a] = aH$.

（1）$\Rightarrow$（2）：事实上，式（2.10）即为 $[a][b] = [ab]$，$\forall a,\ b \in G$. 设 $g \in G$，$h \in H$，则

$$ghg^{-1} \in [ghg^{-1}] = [g][h][g^{-1}] = eH = H.$$

因此，H 是 G 的正规子群.

（2）$\Rightarrow$（3）：由命题 2.6.6 可得.

（3）$\Rightarrow$（1）：若 $[a] = [a']$，$[b] = [b']$，$a,\ b \in G$，则

$$a \sim a',\ b \sim b' \Rightarrow ab \sim a'b' \Rightarrow [ab] = [a'b'].$$

故式（2.10）是良好定义的，即 $\cdot$ 是 G/H 上的二元运算. 请读者自己证明，$(G/H, \cdot)$ 上结合律成立，$[e]$ 是单位元，并且 $[a]^{-1} = [a^{-1}]$，$\forall a \in G$. □

下面的定理进一步地揭示了一个群 G 上同余与正规子群的一一对应关系. 命题 2.6.2 已经证明 G 上所有正规子群的集合 $\mathrm{Nor}(G)$ 构成一个格，命题 1.6.4 表明 G 上所有同余的集合 $\mathrm{Con}(G)$ 构成一个同余格. 由命题 2.6.5 与命题 2.6.6 可以立即得到以下结论.

定理 2.6.6 设 G 是一个群，则 $\mathrm{Con}(G)$ 与 $\mathrm{Nor}(G)$ 是格同构的.

证明： 定义 $\psi: \mathrm{Con}(G) \rightarrow \mathrm{Nor}(G)$ 为 $\psi(\rho) = [e]_\rho$，$\rho \in \mathrm{Con}(G)$ 是 G 的任意一个同余. 由命题 2.6.5 知 $[e]_\rho$ 是 G 的正规子群，故 ψ 是一个映射. 再定义 $\varphi: \mathrm{Nor}(G) \rightarrow \mathrm{Con}(G)$ 为 $\phi(N) = \rho_N$，其中，N 是 G 的正规子群，ρ_N 的定义同命题 2.6.6 中的定义. 易见，对任意的 $N \in \mathrm{Nor}(G)$，有

$$\psi\phi(N) = \psi(\rho_N) = [e]_{\rho_N},$$

并且

$$\begin{aligned}
[e]_{\rho_N} &= \{x \in G \mid x\,\rho_N\,e\} \\
&= \{x \in G \mid xe^{-1} \in N\} \\
&= \{x \in G \mid x \in N\} \\
&= N.
\end{aligned}$$

故 $\psi\phi = \mathrm{id}_{\mathrm{Nor}}(G)$. 而对任意的 $\tau \in \mathrm{Con}(G)$，有

$$\phi\psi(\tau) = \phi([e]_\tau) = \rho_{[e]_\tau}.$$

对任意的 $a,\ b \in G$，由

$$a\rho_{[e]_\tau} b \Leftrightarrow ab^{-1} \in [e]_\tau \Leftrightarrow ab^{-1} \tau e \Leftrightarrow a \tau b,$$

知 $\rho_{[e]_\tau} = \tau$. 故 $\phi\psi(\tau) = \tau$, 即 $\phi\psi = \mathrm{id}_{\mathrm{Con}(G)}$. 以上证明表明在 $\mathrm{Con}(G)$ 与 $\mathrm{Nor}(G)$ 之间存在双射. 最后, 还需要证明 ψ 是一个格的同态映射, 我们将它留给读者. □

定理 2.6.6 说明一个群 G 的正规子群与同余是一一对应的, 因此我们可以用正规子群这种形象直观的子代数表达方式来替代它所对应的二元关系表达, 即同余. 特别地, 如果 $f: G \to \tilde{G}$ 是一个群同态, 那么同余 $\ker f$ 与单位元 e 所在的 $\ker f$ 类是一一对应的, 事实上, 这个正规子群就是 $\mathrm{Ker} f$, 因为

$$[e]_{\ker f} = \{x \in G \mid x \ker f\, e\} = \{x \in G \mid f(x) = e\} = \mathrm{Ker} f.$$

习 题 2.6

1. 举一个每个子群都是正规子群的非交换群的例子.

2. 设 G 是一个群. 证明: G 的中心 $C(G)$ 是 G 的正规子群.

3. 举例说明正规子群的正规子群不一定是原群的正规子群, 即正规子群不具有传递性.

4. 证明: $K = \{(1), (12)(34), (14)(32), (13)(24)\}$ 是 S_4 的一个正规子群, 从而也是 A_4 的一个正规子群.

5. 求 S_4/A_4, 并写出其乘法表.

6. 设 G 是一个群, N_i, $i \in I$ 是 G 的正规子群. 证明: $\cap_{i \in I} N_i$ 是 G 的正规子群.

7. 设 G 是一个交换群. 证明: G 是单群当且仅当 G 是素数阶群.

8. 判断下列命题是否正确, 如果正确给出证明, 否则给出反例.

(1) 子群 H 是群 G 的正规子群当且仅当 H 的每个左陪集也是一个右陪集;

(2) 设 H, K, N 是群 G 的正规子群, 则 $H(K \cap N)$ 也是 G 的正规子群;

(3) 群 G 的每个交换子群都是 G 的正规子群;

(4) 若 H 是有限群 G 的正规子群, 则 $[G:H] = 2$;

(5) 设群 G 的阶为 $2p$, p 是一个素数, 则 G 是一个交换群, 或者 G 包含一个阶为 p 的正规子群.

9. 设 G 是一个群, ρ 是 G 的同余. 在 G/ρ 上定义

$$[a]_\rho \cdot [b]_\rho = [ab]_\rho,$$

其中 $[a]_\rho$, $[b]_\rho \in G/\rho$. 证明: $(G/\rho, \cdot)$ 构成一个群, 并且 $\pi: G \to G/\rho$, $\pi(a) = [a]_\rho$, $a \in G$, 构成一个满态.

10. 设 N 是群 G 的正规子群. 证明:

(1) 若 H 是 G 的子群, $N \subseteq H$, 则 H/N 是 G/N 的子群;

(2) 若 H 是 G 的正规子群, $N \subseteq H$, 则 H/N 是 G/N 的正规子群;

(3) 若 L 是 G/N 的子群, 则存在 G 的子群 H, H 包含 N, 使 $L = H/N$.

11. 设 G, $\tilde{G}$ 是群.

(1) 设 $f: G \to \tilde{G}$ 是群同态, 并且 $x \in G$ 的阶为 k. 证明: $f(x) \in \tilde{G}$ 的阶 m, 满足 $m \mid k$.

（2）设 $f: G \rightarrow \tilde{G}$ 是群同态，G，$\tilde{G}$ 有限，并且 $(|G|, |\tilde{G}|) = 1$. 证明：$f(x) = \tilde{e}, \forall x \in G$，其中 $\tilde{e} \in \tilde{G}$ 是单位元.

12. 设 G 是一个有限群，N 是 G 的正规子群. 证明：若 $(|N|, [G: N]) = 1$，则 N 是 G 中阶为 $|N|$ 的唯一子群.

2.7　专题：对称与群

对称是现实世界和日常生活中大量存在的现象，如在中学时就已经学过的轴对称图形、中心对称图形、晶体结构的对称、对称多项式等. 如何用数学语言去定义和描述事物的对称性质呢？

下面首先以平面图形为例，说明如何定义及研究图形的对称. 观察人们直观认为最对称的图形——圆，很容易得到圆经过绕圆心的旋转及过圆心直线的反射后又回到自身（即与原图像重合）. 正多边形也会经过绕中心旋转一定的角度及经过某些对称轴的反射后又回到自身. 这些对称图形都具有共同的特点：经过某些保持图形上点与点之间的距离不变的运动后仍能回到自身.

在观察这些例子的同时，我们逐渐完善了几何图形对称性的概念. 事实上，我们建立了这些物理现象的数学模型，即一个物理对象，比如圆、球、多边形等的对称性. 我们决定只关注一个物体各部分的最终位置，忽略它们到达这个位置的途径. 这就意味着，一个图形 R 的对称性是 R 到 R 的映射，即 R 的变换，并且对称是一个刚体运动，即我们不允许对象被对称性扭曲.

几何图形的对称性（symmetry）是指一个图形重新排列后保持边、顶点、距离和角度不变的性质. 若一个图形具有对称性，则称它是对称的（symmetric）. 平面上保持一个图形对称性的变换称为刚体运动（rigid motion）. 我们可以通过保持距离（或等距）的要求来形式化刚性. $\mathbf{R}^2$ 的刚体运动就是 $\mathbf{R}^2$ 上的保距变换（distance-preserving transformation），即变换 $\tau: \mathbf{R}^2 \rightarrow \mathbf{R}^2$，满足对任意的 α，$\beta \in \mathbf{R}^2$，$d(\tau(\alpha), \tau(\beta)) = d(\alpha, \beta)$，其中 $d(\alpha, \beta)$ 表示点 α 与 β 之间的距离. 不难看出，τ 一定是一一变换.

例如，在图 2.11 中，易见，矩形 $ABCD$ 经过 180° 或 360° 的旋转后（本节中几何图形的旋转都是指绕其几何中心的旋转），矩形还原为与原矩形方向及边之间关系一致的矩形；矩形 $ABCD$ 关于水平轴或垂直轴的反射是对称的；然而，任何一个方向的90°旋转都不是对称的，除非 $ABCD$ 是一个正方形.

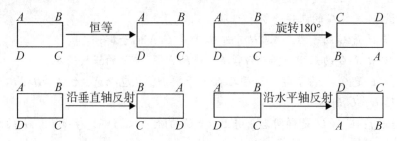

图 2.11　矩形的刚体运动

再来看一下等边三角形的对称性，记三角形的三个顶点分别为 1，2，3. 为了确定三角形的对称性，我们需要分析顶点集 $X = \{1, 2, 3\}$ 的所有置换，验证它们是否可以扩展成三角形的对称性. 我们知道集合 X 上共有6(即3!)个不同的置换，也就是说，三角形最多有 6 种对称性. 事实上，X 上的每一个置换都会产生一个三角形的对称性（图 2.12）. 例如置换（123）对应一个刚体运动：将三角形按顺时针方向旋转 $120°$. 因此，S_3 就是等边三角形在 $\mathbf{R}^2$ 的对称群，即6阶二面体群 D_3.

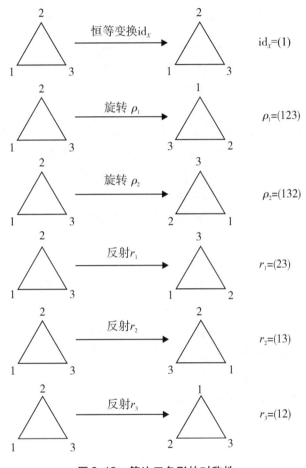

图 2.12　等边三角形的对称性

由习题2.2第2题可得，正交群 $O_2(\mathbf{R})$ 里的所有元素都是 $\mathbf{R}^2$ 的刚体运动（在同构意义下，我们将正交矩阵与正交变换等同对待），但 $O_2(\mathbf{R})$ 并没有包含 $\mathbf{R}^2$ 所有的刚体运动. 例如，平移 $t_\beta(\alpha) = \alpha + \beta$ 是一个保距变换（图 2.13），但 t_β 不在 $O_n(\mathbf{R})$ 中，因为它不是线性映射.

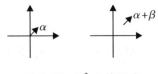

图 2.13　$\mathbf{R}^2$ 上的平移

事实上，从几何角度，平面上的刚体运动只有三种形式.

定理 2.7.1 平面的刚体运动有且仅有以下三种：

（1）沿任意一个给定向量的平移；

（2）以任意点为中心的旋转；

（3）绕某一直线作反射或反射后沿该直线上的一个向量作平移.

例如，滑翔反射（glide reflection）就是一个平移和反射的合成（图 2.14）.

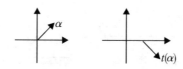

图 2.14　滑翔反射

有兴趣的读者可以自己证明：平面 $\mathbf{R}^2$ 上任意两个刚体运动的合成仍然是刚体运动，每个刚体运动的逆也是刚体运动. 因此，$\mathbf{R}^2$ 上所有刚体运动，即 $\mathbf{R}^2$ 上所有保距变换，关于变换的合成构成一个群，称为 $\mathbf{R}^2$ 上的保距变换群（the group of isometries on $\mathbf{R}^2$）. 事实上，这个群就是欧几里得群 $E_2(\mathbf{R})$.

引理 2.7.1 平面 $\mathbf{R}^2$ 上保持原点的保距变换 f 是线性变换，因而是一个正交变换. 特别地，f 由正交群 $O_2(\mathbf{R})$ 的元素确定.

证明： 这里只给出提示，请读者自己证明. 由于 $f(0) = 0$，并且 $\forall \alpha \in \mathbf{R}^2$，$|f(\alpha)| = |\alpha|$，可以证明 f 保持内积. 进一步可以证明，任取 $\alpha = (a, b) \in \mathbf{R}^2$，都有 $f(\alpha) = af(\varepsilon_1) + bf(\varepsilon_2)$，其中 $\varepsilon_1 = (1,0)$，$\varepsilon_2 = (0,1)$. 进而，f 是线性的，即 $\forall k, l \in \mathbf{R}$，$\alpha, \beta \in \mathbf{R}^2$，$f(k\alpha + l\beta) = kf(\alpha) + lf(\beta)$. 故 f 是一个正交变换，从而在 $\mathbf{R}^2$ 的标准正交基下对应于某个正交矩阵. □

对任意一个保距变换 f，存在 $\beta \in \mathbf{R}^2$，使平移 t_β 与 f 的合成 $t_\beta f$ 保持原点不变. 由引理 2.7.1 知，存在 $A \in O_2(\mathbf{R})$，使 $t_\beta f(\alpha) = A\alpha$. 因此，$f(\alpha) = A\alpha + \beta$. 任取两个保距变换 f, g：

$$f(\alpha) = A\alpha + \beta,$$
$$g(\alpha) = B\alpha + \gamma,$$

它们的乘积，即合成映射为

$$fg(\alpha) = f(B\alpha + \gamma) = AB\alpha + A\gamma + \beta.$$

这个乘积对应于 (A, β) 和 (B, γ) 在欧几里得群 $E_2(\mathbf{R})$ 中的乘法运算. 因此，我们得到以下定理.

定理 2.7.2 平面 $\mathbf{R}^2$ 的所有保距变换构成一个欧几里得群 $E_2(\mathbf{R})$.

平面点集 S 在 $\mathbf{R}^2$ 中的对称群（symmetric group of S in $\mathbf{R}^2$）是指 $\mathbf{R}^2$ 上保距变换群的一个保持点集 S 不变的子群.

我们来观察中心在原点，边分别与 x 轴及 y 轴平行的正方形，其顶点分别记为 1，2，3，4. 那么，正方形所有的刚体运动为：以原点为中心顺时针旋转 $90°$，$180°$，

$270°$，$360°$，分别记为 r_{90}，r_{180}，r_{270}，r_{360}；沿 x 轴及 y 轴的反射，分别记为 h，v；沿对角线的反射，分别记为 d_1，d_2（图 2.15）. 两个刚体运动的乘法·可以通过连续执行两个这样的运动来定义. 例如，$r_{180} \cdot v$ 表示先执行沿 y 轴的反射运动 v，再执行绕原点顺时针旋转 $180°$，因此 $r_{180} \cdot v = h$. 事实上，正方形所有刚体运动的乘法表如下：

·	r_{360}	r_{90}	r_{180}	r_{270}	h	v	d_1	d_2
r_{360}	r_{360}	r_{90}	r_{180}	r_{270}	h	v	d_1	d_2
r_{90}	r_{90}	r_{180}	r_{270}	r_{360}	d_1	d_2	v	h
r_{180}	r_{180}	r_{270}	r_{360}	r_{90}	v	h	d_2	d_1
r_{270}	r_{270}	r_{360}	r_{90}	r_{180}	d_2	d_1	h	v
h	h	d_2	v	d_1	r_{360}	r_{180}	r_{270}	r_{90}
v	v	d_1	h	d_2	r_{180}	r_{360}	r_{90}	r_{270}
d_1	d_1	h	d_2	v	r_{90}	r_{270}	r_{360}	r_{180}
d_2	d_2	v	d_1	h	r_{270}	r_{90}	r_{180}	r_{360}

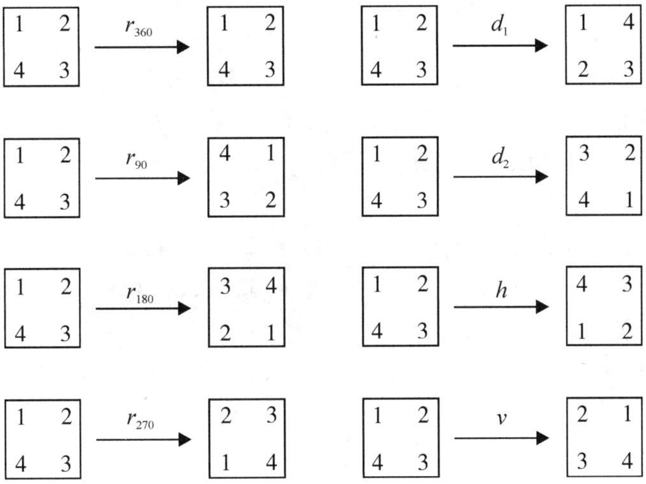

图 2.15　正方形的刚体运动

这就是正方形在平面上的对称群：8 阶二面体群 D_4. 更一般地，正 n 边形在平面上的对称群为 $2n$ 阶二面体群 D_n. 我们略去下面定理的证明.

定理 2.7.3　平面 $\mathbf{R}^2$ 上的有限对称群只有 $\mathbf{Z}_n$ 及 D_n.

除了几何直观的图形对称，我们也接触过其他形式的对称，比如对称多项式. 易见，

$$f(x_1, x_2, \cdots, x_n) = x_1^2 + x_2^2 + \cdots + x_n^2$$

及

$$f(x_1, x_2, x_3) = x_1^2 x_2 + x_1^2 x_3 + x_2^2 x_1 + x_2^2 x_3 + x_3^2 x_1 + x_3^2 x_2$$

分别是 $\mathbf{Z}$ 上的 n 元及三元对称多项式. 而

$$f(x_1, x_2, x_3, x_4) = x_1 x_2 + x_3 x_4$$

不是 $\mathbf{Z}$ 上的对称多项式.

如何用数学语言来描述多项式的对称性呢? 观察上面的两个对称多项式, 它们的特点是用变量 $x_{i_1}, x_{i_2}, \cdots, x_{i_n}$ (其中 $i_1 i_2 \cdots i_n$ 是 $1, 2, \cdots, n$ 的一个排列), 分别替换变量 $x_1, x_2, \cdots, x_n$ 后所得的多项式与原多项式形式相同. 这与对称图形在某类变换下保持形式不变的性质相似.

设 F 是一个数域, $F[x_1, x_2, \cdots, x_n]$ 是数域 F 上的 n 元多项式环. 令 $\sigma \in S_n$, 定义映射 $\sigma_F : F[x_1, x_2, \cdots, x_n] \to F[x_1, x_2, \cdots, x_n]$ 为

$$\sigma_F(f(x_1, x_2, \cdots, x_n)) = f(x_{\sigma(1)}, x_{\sigma(2)}, \cdots, x_{\sigma(n)}), \qquad (2.11)$$

其中 $f(x_1, x_2, \cdots, x_n) \in F[x_1, x_2, \cdots, x_n]$. 显然, σ_F 是 $F[x_1, x_2, \cdots, x_n]$ 的一个变换. 令

$$T_F = \{ \sigma_F \mid \sigma \in S_n \}, \qquad (2.12)$$

这里 σ_F 定义见式 (2.11). 请读者自己证明: 任取 $\sigma, \tau \in S_n$, 都有

$$\sigma_F \circ \tau_F = (\sigma \circ \tau)_F, \quad (\sigma_F)^{-1} = (\sigma^{-1})_F.$$

因此, T_F 关于变换的乘法构成一个群, 称为 $F[x_1, x_2, \cdots, x_n]$ 的置换群. 若

$$\sigma_F(f(x_1, x_2, \cdots, x_n)) = f(x_1, x_2, \cdots, x_n),$$

则称 σ_F 是 $f(x_1, x_2, \cdots, x_n)$ 的一个对称变换. 多项式 $f(x_1, x_2, \cdots, x_n)$ 的所有对称变换构成的集合 $\mathrm{Sy}(f)$ 关于变换的乘法构成群, 称为 $f(x_1, x_2, \cdots, x_n)$ 的对称群 (习题 2.7 第 5 题). 例如, F 上四元多项式 $f(x_1, x_2, x_3, x_4) = x_1 x_2 + x_3 x_4$ 的对称群为

$$\mathrm{Sy}(f) = \{ \sigma_F \in T_F \mid \sigma = (1), (12), (34), (12)(34),$$
$$(13)(24), (14)(23), (1324), (1423) \}.$$

最终, 我们得到以下结论.

定理 2.7.4 设 $f(x_1, x_2, \cdots, x_n) \in F[x_1, x_2, \cdots, x_n]$. 如果 $f(x_1, x_2, \cdots, x_n)$ 的对称群 $\mathrm{Sy}(f)$ 与 T_F 相同, 那么 $f(x_1, x_2, \cdots, x_n)$ 就是一个 n 元对称多项式.

习 题 2.7

1. 证明: 矩形的对称群就是 Klein 四元群.

2. 设 B 是一个正方形. 记由 D_4 中所有旋转变换组成的集合为 R_B.

(1) 证明: R_B 是 S_4 的子群.

(2) 讨论 R_B 是否构成 D_4 及 S_4 的正规子群.

3. 写出多项式 $f(x_1, x_2, x_3, x_4) = x_1^2 x_2 + x_3 x_4$ 的所有对称变换.

4. 设 T_F 的定义为式 (2.12). 证明: T_F 关于变换的乘法构成一个群.

5. 设 $f(x_1, x_2, \cdots, x_n) \in F[x_1, x_2, \cdots, x_n]$. 记

$$\mathrm{Sy}(f) = \{ \sigma_F \in T_F \mid \sigma_F \text{是} f(x_1, x_2, \cdots, x_n) \text{的对称变换} \}.$$

证明: $\mathrm{Sy}(f)$ 关于变换的乘法构成一个群.

第 3 章　环　　论

在第 2 章，我们学习了带有一个二元运算的代数：群. 事实上，很多代数具有两个二元运算，比如环，以及第 4 章要详细介绍的域. 环的概念是整数、有理数、实数和复数这些具体数环的推广.

D. Hilbert 给出了"环"这个术语，E. Noether 在此基础上发现了环的公理. 1914年，Fraenkel 给出了环的第一个定义. 不过，现在已经不再使用这一定义了.

因为环实际上是一个群和一个半群的特殊组合，所以我们前面的学习对验证环是很有帮助的. 但是，具有两个独立二元运算的集合还不足以构成环，我们还需要在这两个运算之间建立起一个特别的关系：满足分配律.

本章的主要内容如下：首先，给出环的相关概念和基本性质，讨论环同态、子结构. 然后，与群论中借助一个群的正规子群生成商群的思想类似，在环论中，理想的陪集集合定义了适当的运算将会构成一个环. 最后，着重研究某些类型的环上元素的唯一分解问题，这些讨论基于整数的素数分解理论，并逐步将其推广到更广泛的情形.

3.1　环的定义及例子

这一节，我们首先给出环的定义、例子，以及一些基本性质.

定义 3.1.1　环（ring）是指一个非空集合 R，带有两个二元运算 + 与 ·，分别称为加法与乘法，满足：

（1）$(R, +)$ 是一个加群；

（2）$(R, \cdot)$ 是一个半群；

（3）乘法对加法有左分配律和右分配律，即对所有的 a, b, $c \in R$，都有

$$a \cdot (b + c) = a \cdot b + a \cdot c, \quad (b + c) \cdot a = b \cdot a + c \cdot a.$$

注 3.1.1　设 $(R, +, \cdot)$ 是一个环.

（1）我们通常用 ab 来表示 $a \cdot b$.

（2）加群 $(R, +)$ 的零元也称为环 R 的零元，显然是唯一的，记为 0. 加群 $(R, +)$ 中元素 a 的负元记为 $-a$，即 $a + (-a) = 0$. 对于 a, $b \in R$，我们记 $a + (-b)$ 为 $a - b$.

（3）若 $(R, \cdot)$ 是交换的，即

$$ab = ba, \quad \forall a, b \in R,$$

则称 R 是一个交换环（commutative ring）.

（4）若 $(R, \cdot)$ 构成一个幺半群，即存在 $1 \in R$，满足

$$1a = a1 = a, \quad \forall a \in R,$$

则称 R 是一个有单位元的环（ring with identity），记 R 的单位元为 1.

（5）通常情况下，我们简记 $(R, +, \cdot)$ 为 R.

我们有很多熟悉的数环的例子. 比如 $\mathbf{Z}$，$\mathbf{Q}$，$\mathbf{R}$，$\mathbf{C}$ 关于数的加法与乘法都构成有单位元的交换环，数 1 是它们的单位元.

并非所有环都有单位元，例如

$$2\mathbf{Z} = \{\cdots, -4, -2, 0, 2, 4, \cdots\}$$

是一个没有单位元的环. 显然，如果一个环有单位元，那么单位元一定唯一. 若环 $R \neq \{0\}$，且有单位元，则有 $0 \neq 1$（推论 3.1.1）.

一元多项式环、多元多项式环、矩阵环等，也是常见的环.

例 3.1.1　（1）设 F 是一个数域，则数域 F 上的一元多项式环 $(F[x], +, \cdot)$ 是一个有单位元的交换环，数 1 为单位元. 类似地，n 元多项式环 $(F[x_1, x_2, \cdots, x_n], +, \cdot)$ 也是一个有单位元的交换环，1 为单位元.

（2）矩阵环 $(F^{n \times n}, +, \cdot)$ 是一个有单位元的环，n 阶单位矩阵 E 为单位元.

（3）记 $C[0, 1]$ 为区间 $[0, 1]$ 到 $\mathbf{R}$ 的所有连续函数的集合，$\mathbf{R}^X$ 为由非空集合 X 到实数集 $\mathbf{R}$ 的所有函数组成的集合，则 $C[0, 1]$ 与 $\mathbf{R}^X$ 都关于以下逐点定义的加法与乘法构成环：

$$(f + g)(x) = f(x) + g(x), \quad (fg)(x) = f(x)g(x).$$

（4）任意一个加群 $(R, +)$ 关于乘法

$$ab = 0, \quad a, b \in R$$

都构成一个环. 称这样的环为平凡环（trivial ring）.

例 3.1.2　最典型的有限环的例子是 $\mathbf{Z}_n = \{0, 1, \cdots, n-1\}$. 我们已经知道 $(\mathbf{Z}_n, +)$ 是一个循环群，并且 $\mathbf{Z}_n$ 关于乘法

$$[a][b] = [ab], \quad a, b \in \mathbf{Z}$$

构成一个交换幺半群，$[1]$ 是它的单位元. 容易验证分配律成立，从而 $(\mathbf{Z}_n, +, \cdot)$ 构成一个有单位元的有限交换环，称为模 n 的剩余类环（ring of integers mod n）.

例 3.1.3　记

$$\mathbf{Z}[\mathrm{i}] = \{a + b\mathrm{i} \mid a, b \in \mathbf{Z}\},$$

则 $\mathbf{Z}[\mathrm{i}]$ 关于数的加法与乘法构成一个有单位元的交换环，称为高斯整环（Gauss integral domain）.

例 3.1.4　记 $\mathbf{Z}^{2 \times 2}$ 为整数环上所有 2 阶方阵的集合，$+$ 与 $\cdot$ 分别为矩阵的加法与乘法运算. 容易验证 $(\mathbf{Z}^{2 \times 2}, +, \cdot)$ 构成一个环. 取 $\begin{pmatrix} 1 & 2 \\ 3 & 4 \end{pmatrix}$，$\begin{pmatrix} 1 & 1 \\ 1 & 1 \end{pmatrix} \in \mathbf{Z}^{2 \times 2}$，则

$$\begin{pmatrix} 1 & 2 \\ 3 & 4 \end{pmatrix}\begin{pmatrix} 1 & 1 \\ 1 & 1 \end{pmatrix} = \begin{pmatrix} 3 & 3 \\ 7 & 7 \end{pmatrix} \neq \begin{pmatrix} 1 & 1 \\ 1 & 1 \end{pmatrix}\begin{pmatrix} 1 & 2 \\ 3 & 4 \end{pmatrix} = \begin{pmatrix} 4 & 6 \\ 4 & 6 \end{pmatrix}.$$

因此，$\mathbf{Z}^{2 \times 2}$ 是一个非交换环.

下面列出一些环的基本性质，后面会经常使用.

命题 3.1.1　设 R 是一个环，则对任意的 $a, b, c \in R$，$n \in \mathbf{Z}$，以下结论成立：

（1）$0a = a0 = 0$；

(2) $a(-b) = (-a)b = -(ab)$;

(3) $(-a)(-b) = ab$;

(4) $a(b-c) = ab - ac, (b-c)a = ba - ca$;

(5) $\left(\sum_{i=1}^{m} a_i\right)\left(\sum_{j=1}^{n} b_j\right) = \sum_{i=1}^{m}\sum_{j=1}^{n} a_i b_j$;

(6) $(na)b = a(nb) = n(ab)$.

证明： (1) 由于

$$0a = (0+0)a = 0a + 0a,$$

故 $0a = 0$. 同理可证 $a0 = 0$.

(2) 由于

$$ab + a(-b) = a[b+(-b)] = a0 = 0,$$

因此 $a(-b) = -(ab)$. 类似地, $(-a)b = -(ab)$.

(3), (4), (5) 留给读者自己证明.

(6) 当 $n=0$ 时, 结论显然成立. 当 $n>0$ 时, (6) 是 (5) 的特殊情况; 当 $n<0$ 时, 利用 $-na = n(-a)$ 类似可得. □

推论 3.1.1 设 R 是一个有单位元的环, 则 $R \neq \{0\}$ 当且仅当 $0 \neq 1$.

证明： 充分性是显然的. 假设 $R \neq \{0\}$. 令 $a \in R$, 满足 $a \neq 0$. 如果 $1=0$, 由命题 3.1.1(1), 有

$$a = a1 = a0 = 0,$$

矛盾. 因此, $0 \neq 1$. □

下面, 我们进一步分析环的其他性质. 注意到, 一个环关于乘法运算只构成半群, 因此, 一般地, 环关于乘法是不满足消去律的. 换句话说, 两个非零元之积未必非零. 例如, 在 $\mathbf{Z}_6$ 中, $[2] \neq [0]$, $[3] \neq [0]$, 但

$$[2] \cdot [3] = [0].$$

在 $F^{2 \times 2}$ 中,

$$\begin{pmatrix} 1 & 0 \\ 0 & 0 \end{pmatrix}\begin{pmatrix} 1 & 0 \\ 0 & 1 \end{pmatrix} = \begin{pmatrix} 1 & 0 \\ 0 & 0 \end{pmatrix}\begin{pmatrix} 1 & 0 \\ 1 & 1 \end{pmatrix},$$

但

$$\begin{pmatrix} 1 & 0 \\ 0 & 1 \end{pmatrix} \neq \begin{pmatrix} 1 & 0 \\ 1 & 1 \end{pmatrix}.$$

定义 3.1.2 设 R 是一个环, $a, b \in R$. 若

$$a \neq 0, \ b \neq 0, \ 但 \ ab = 0,$$

则称 a 为一个左零因子 (left zero divisor), b 为一个右零因子 (right zero divisor), 左零因子、右零因子统称为零因子 (zero divisor).

命题 3.1.2 设 n 是一个大于 1 的正整数, 则 $\mathbf{Z}_n$ 无零因子当且仅当 n 是素数.

没有零因子的环称为无零因子环. 无零因子环的一个典型特点是, 所有非零元关于加法的阶都是一样的.

定理 3.1.1 设 $(R, +, \cdot)$ 是一个无零因子环, 则对加群 $(R, +)$ 而言, 每个非零元的阶都相同, 而且当为有限阶时, 阶是素数.

证明：若 R 的所有非零元的阶都无限，则命题显然成立. 假定 $0 \neq a \in R$, 且 $|a| = n$ 是有限的正整数. 对任意的 $0 \neq b \in R$, 有

$$(na)b = a(nb) = 0,$$

表明 $nb = 0$, 从而 $|b| \leqslant |a|$. 同样可得 $|a| \leqslant |b|$, 故 $|a| = |b| = n$.

下面证明 n 必为素数. 假若 $n = n_1 n_2$, $1 < n_1$, $n_2 < n$, 则

$$0 = na^2 = (n_1 a)(n_2 a).$$

由于 $|a| = n$, 故 $n_1 a \neq 0$, 并且 $n_2 a \neq 0$, 这与已知 R 无零因子相矛盾. □

定义 3.1.3 设 R 是一个环. 满足 $na = 0 (\forall a \in R)$ 的最小正整数 n 称为环 R 的特征 (characteristic), 记作 $\mathrm{ch}(R)$. 如果这样的 n 不存在, 称 R 的特征为 0.

例 3.1.5 (1) 环 $\mathbf{Z}$, $\mathbf{Q}$, $\mathbf{R}$, $\mathbf{C}$ 的特征都为 0.

(2) 在环 $\mathbf{Z}_6$ 中, $3[2] = [6] = [0]$, $2[3] = [6] = [0]$. 这说明 $[2]$ 与 $[3]$ 关于加法的阶不相同. 然而, 6 是最小的满足 $6[a] = [0]$, $a \in \mathbf{Z}_6$ 的正整数, 因此, $\mathrm{ch}(\mathbf{Z}_6) = 6$. 特别地, $[1]$ 的阶为 6. 事实上, 对于有单位元的环, 1 的阶就是这个环的特征 (习题 3.1 第 23 题).

由定理 3.1.1, 可得如下推论.

推论 3.1.2 设 R 是一个无零因子环, 则 $\mathrm{ch}(R) = 0$ 或 p, 其中 p 是素数.

在特征大于零的交换环中, 有一个很有趣的计算法.

推论 3.1.3 设 R 是一个无零因子交换环, 且 $\mathrm{ch}(R) = p > 0$, 则对任意的 a, $b \in R$ 有

$$(a + b)^p = a^p + b^p.$$

证明：$(a + b)^p = \sum_{i=0}^{p} \binom{p}{i} a^i b^{p-i}$ (习题 3.1 第 6 题), 而当 $0 < i < p$ 时 $\binom{p}{i}$ 是 p 的倍数. □

我们已经发现, 环的乘法运算没有加法运算那么完美. 比如, 关于乘法未必有单位元和逆元, 乘法运算未必满足交换律和消去律, 等等. 下面就逐一来讨论弥补乘法运算的"缺陷"所产生的不同类型的环.

定义 3.1.4 有单位元的、无零因子的交换环称为整环 (integral domain).

注 3.1.2 (1) 整环的定义在不同的教材中略有差异, 请读者留意.

(2) 显然, 一个有单位元的交换环 R 是整环当且仅当

$$a \neq 0, \ b \neq 0 \Rightarrow ab \neq 0,$$

当且仅当

$$ab = 0 \Rightarrow a = 0 \ \text{或} \ b = 0.$$

(3) $\mathbf{Z}$, $\mathbf{R}$ 等数环, 及例 3.1.1(1) 中数域上的多项式环都是整环, 但例 3.1.1 (2) 中的矩阵环不是整环. 如 $\mathbf{Z}^{2 \times 2}$ 不是整环, 因为它是非交换的 (例 3.1.4). $\mathbf{Z}^{2 \times 2}$ 也有零因子, 如 $\begin{pmatrix} 1 & 0 \\ 0 & 0 \end{pmatrix}$, $\begin{pmatrix} 0 & 1 \\ 0 & 0 \end{pmatrix} \in \mathbf{Z}^{2 \times 2}$, 但 $\begin{pmatrix} 0 & 1 \\ 0 & 0 \end{pmatrix} \begin{pmatrix} 1 & 0 \\ 0 & 0 \end{pmatrix} = \begin{pmatrix} 0 & 0 \\ 0 & 0 \end{pmatrix}$.

(4) $\mathbf{Z}[\mathrm{i}]$ (例 3.1.3) 是一个整环.

例 3.1.6 $\mathbf{Z}[\sqrt{3}] = \{a + b\sqrt{3} \mid a, b \in \mathbf{Z}\}$ 关于数的加法与乘法构成一个整环.

易证，0 与 1 分别是 $\mathbf{Z}[\sqrt{3}]$ 的零元和单位元.

例 3.1.7 （1）$2\mathbf{Z}$ 是一个没有单位元的、无零因子的交换环.

（2）设 R 是一个平凡环，且 $R \neq \{0\}$，则 R 是一个没有单位元的交换环，它的每个非零元都是零因子.

显然，对于一个环 $(R, +, \cdot)$ 来说，$(R^*, \cdot)$ 未必构成一个群，其中 R^* 表示由 R 中所有非零元组成的集合. 但如果 R 有单位元，那么它的所有可逆元关于 R 的乘法构成一个群.

命题 3.1.3 设 R 是一个有单位元的环. 记
$$U(R) = \{r \in R \mid \exists\, r' \in R,\ r'r = rr' = 1\},$$
则 $(U(R), \cdot)$ 构成一个群.

证明： 设 $a, b \in U(R)$，则存在 $a', b' \in R$，使
$$aa' = a'a = 1,\ bb' = b'b = 1.$$
故
$$(ab)(b'a') = (b'a')(ab) = 1,$$
从而 $ab \in U(R)$. 显然，1 为 $U(R)$ 的单位元；若 $a \in R$，则 $a^{-1} \in U(R)$. 故 $(U(R), \cdot)$ 构成一个群. □

称 $U(R)$ 中的元为 R 的单位（unit）. 显然，整数环 $\mathbf{Z}$ 的单位只有 1 与 -1，高斯整环 $\mathbf{Z}[\mathrm{i}]$ 的单位为 ± 1 与 $\pm\mathrm{i}$.

例 3.1.8 （1）在 $\mathbf{Z}_n$ 中，我们有
$$[a] \in U(\mathbf{Z}_n) \Leftrightarrow \exists\, a' \in \mathbf{Z},\ [a][a'] = [1]$$
$$\Leftrightarrow n \mid (aa' - 1)$$
$$\Leftrightarrow (a, n) = 1.$$

（2）令 $\mathbf{Z}[\sqrt{-5}] = \{a + b\sqrt{-5} \mid a, b \in \mathbf{Z}\}$. 设 $\alpha = a + b\sqrt{-5} \in U(\mathbf{Z}[\sqrt{-5}])$，记 $N(\alpha) = \alpha\bar{\alpha}$，则 $N(\alpha) = a^2 + 5b^2$. 设 $\beta = c + d\sqrt{-5} \in \mathbf{Z}[\sqrt{-5}]$，满足 $\alpha\beta = 1$，则 $N(\alpha)N(\beta) = 1$，即
$$(a^2 + 5b^2)(c^2 + 5d^2) = 1.$$
从而 $a = \pm 1$，$b = 0$，这表明 $U(\mathbf{Z}[\sqrt{-5}]) = \{\pm 1\}$.

特别地，如果一个环 $(R, +, \cdot)$ 的每个非零元都可逆，即 $(R^*, \cdot)$ 构成一个群，我们就得到了除环.

定义 3.1.5 设 $(R, +, \cdot)$ 是一个环. 如果 $(R^*, \cdot)$ 构成一个群，就称 R 是一个除环（division ring）. 一个交换除环称为域（field）.

命题 3.1.4 除环与域没有零因子.

证明： 设 R 是一个除环，$ab = 0$，$a, b \in R$. 若 $a \neq 0$，则 a^{-1} 存在，并且
$$b = a^{-1}(ab) = 0.$$
因此，R 无零因子. □

命题 3.1.4 的逆命题不成立，即一个无零因子环中可能存在不可逆元. 比如，$F[x]$ 是一个无零因子环，但一次以上多项式都不可逆.

下面给出一个非交换除环的例子：四元数除环，这是历史上第一个非交换除环的例子，由 William Rowan Hamilton（1805—1865 年）于 1843 年首先提出. 出于物理学考量，Hamilton 构建了一个不满足乘法交换律的一致代数. 在当时，这样的构造是非常不可思议的. Hamilton 与 H. G. Gorssman 在超复数系方面的工作解放了人们的代数思维，极大地鼓舞了其他数学家去尝试构建新型代数，比如有零因子代数，以及满足 $a^n = 0$，$a \neq 0$ 的代数，等等. 这些新型代数突破了传统的代数表示.

例 3.1.9 令

$$Q_{\mathbf{R}} = \{(a_1, a_2, a_3, a_4) \mid a_i \in \mathbf{R}, i = 1, 2, 3, 4\}.$$

定义加法为

$$(a_1, a_2, a_3, a_4) + (b_1, b_2, b_3, b_4) = (a_1 + b_1, a_2 + b_2, a_3 + b_3, a_4 + b_4),$$

乘法为

$$(a_1, a_2, a_3, a_4) \cdot (b_1, b_2, b_3, b_4)$$
$$= (a_1 b_1 - a_2 b_2 - a_3 b_3 - a_4 b_4, a_1 b_2 + a_2 b_1 + a_3 b_4 - a_4 b_3,$$
$$a_1 b_3 + a_3 b_1 + a_4 b_2 - a_2 b_4, a_1 b_4 + a_2 b_3 - a_3 b_2 + a_4 b_1).$$

显然，$(Q_{\mathbf{R}}, +)$ 构成一个加群，其中 $(0, 0, 0, 0) \in Q_{\mathbf{R}}$ 为零元，$(-a_1, -a_2, -a_3, -a_4)$ 为 $(a_1, a_2, a_3, a_4) \in Q_{\mathbf{R}}$ 的负元. 同样，$(Q_{\mathbf{R}}, \cdot)$ 做成一个幺半群，$(1, 0, 0, 0) \in Q_{\mathbf{R}}$ 是单位元. 设 $0 \neq (a_1, a_2, a_3, a_4) \in Q_{\mathbf{R}}$，则 $d = a_1^2 + a_2^2 + a_3^2 + a_4^2 \in \mathbf{R}$，且 $d \neq 0$. 因此，$\left(\dfrac{a_1}{d}, -\dfrac{a_2}{d}, -\dfrac{a_3}{d}, -\dfrac{a_4}{d}\right) \in Q_{\mathbf{R}}$. 请读者自己证明 $\left(\dfrac{a_1}{d}, -\dfrac{a_2}{d}, -\dfrac{a_3}{d}, -\dfrac{a_4}{d}\right)$ 就是 (a_1, a_2, a_3, a_4) 的乘法逆元，于是 $Q_{\mathbf{R}}$ 构成一个除环，称为实四元数环（ring of real quaternions）. 然而，$Q_{\mathbf{R}}$ 是非交换的，因为

$$(0, 1, 0, 0)(0, 0, 1, 0) = (0, 0, 0, 1)$$
$$\neq (0, 0, 0, -1) = (0, 0, 1, 0)(0, 1, 0, 0).$$

因此，$Q_{\mathbf{R}}$ 不是域.

这里顺便指出，有限除环一定可交换，即有限除环必为域. 这是著名的 Wedderburn 定理，由 J. H. M. Wedderburn（1882—1948 年）于 1905 年首先证明，以后又有一些初等证法，这里就不再详述了. 而对于模 n 的剩余类环，我们可以得到以下的等价条件.

命题 3.1.5 以下命题等价：

(1) $\mathbf{Z}_n$ 是域；

(2) $\mathbf{Z}_n$ 是整环；

(3) n 是素数.

证明：(1)$\Rightarrow$(2) 显然.

(2)$\Rightarrow$(3)：设 $\mathbf{Z}_n$ 是整环. 如果 n 是一个合数，设 $n = m_1 m_2$，$1 < m_1$，$m_2 < n$，则有 $0 = [n] = [m_1][m_2]$. $\mathbf{Z}_n$ 是整环，无零因子，因此 $[m_1] = 0$ 或者 $[m_2] = 0$，从而 $n \mid m_1$ 或者 $n \mid m_2$，这与假设 m_1，$m_2 < n$ 相矛盾.

(3)$\Rightarrow$(1)：设 n 是素数，$0 \neq [a] \in \mathbf{Z}_n$，则 $(a, n) = 1$. 由例 3.1.8（1）可得，

$[a] \in U(\mathbf{Z}_n)$，即 $[a]$ 是可逆的，从而 $\mathbf{Z}_n$ 是域. $\square$

图 3.1 列出了环、整环、除环、有单位元的环、交换环、域之间的关系.

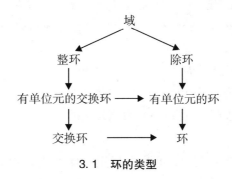

3.1　环的类型

我们已经学习了代数同态的概念和性质，而且在第 2 章中也讨论了群同态. 类似地，也可以引入环同态的概念.

设 R 和 R' 是两个环，$f: R \to R'$ 是一个映射. 若 f 保持环的两个运算，即对任意的 $a, b \in R$，都有

$$f(a + b) = f(a) + f(b), \quad f(ab) = f(a)f(b),$$

则称 f 是一个环同态（homomorphism of rings），简称同态. 单同态、满同态及同构的概念与群论中类似. 若 f 是同构映射，则称 R 与 R' 同构，记作 $R \cong R'$.

若 $f: (R, +, \cdot) \to (R', +, \cdot)$ 是环同态，则 f 也是加群 $(R, +)$ 到 $(R', +)$ 的同态，于是 f 保持零元与负元，即 $f(0) = 0$，并且对任意的 $a \in R$，$f(-a) = -f(a)$. 而

$$\text{Ker}f = \{a \in R \mid f(a) = 0\},$$

我们同样可以利用 $\text{Ker}f$ 与 $\text{Im}f$ 来判定 f 的单性、满性（习题 3.1 第 19 题）.

例 3.1.10　设 $(R, +, \cdot)$ 和 $(R', +, \cdot)$ 是两个环，则 $\theta: R \to R'$，$\theta(a) = 0$，$a \in R$ 是一个零同态，并且 $\text{Ker}\theta = R$；R 上的恒等映射 id_R 是一个同态，事实上，它是一个自同构，并且 $\text{Ker id}_R = \{0\}$.

例 3.1.11　定义 $f: \mathbf{Z} \to \mathbf{Z}_n$ 为 $f(x) = [x]$，$x \in \mathbf{Z}$，则

$$f(x + y) = [x + y] = [x] + [y] = f(x) + f(y),$$

其中 $x, y \in \mathbf{Z}$，并且

$$f(xy) = [xy] = [x][y] = f(x)f(y).$$

由习题 2.1 第 9 题可得 $\text{Ker}f = \{mn \mid m \in \mathbf{Z}\}$.

本节的最后，我们来看几个重要的环的例子.

1. 多项式环

我们知道，数域 F 上的一元（及多元）多项式（polynomial）关于多项式的加法、乘法构成一个环. 下面将看到，从任意一个环出发，都可以得到一个关于多项式的环.

设 $(R, +, \cdot)$ 是一个环，x 是一个变量，令

$$R[x] = \{a_0 + a_1 x + \cdots + a_n x^n \mid a_0, a_1, \cdots, a_n \in R, n \in \mathbf{N}\}.$$

多项式 $a_0 + a_1 x + \cdots + a_n x^n$ 与 $b_0 + b_1 x + \cdots + b_m x^m$ 称为相等，如果 $m = n$，$a_i = b_i$，$i = 0, 1, \cdots, m$. $R[x]$ 关于以下定义的加法与乘法做成一个环. 令

$$f(x) = a_0 + a_1 x + \cdots + a_n x^n, \ g(x) = b_0 + b_1 x + \cdots + b_m x^m,$$

则

$$f(x) + g(x) = (a_0 + b_0) + (a_1 + b_1)x + (a_2 + b_2)x^2 + \cdots,$$
$$f(x)g(x) = p_0 + p_1 x + \cdots + p_{n+m} x^{n+m},$$

其中 $p_i = \sum_{j=0}^{i} a_j b_{i-j}$. 称 $(R[x], +, \cdot)$ 为环 R 上的一元多项式环（one-ary polynomial ring）.

与数域 F 上的多项式环类似，我们可以定义环 R 上多项式的系数、次数等相关概念. 设 $f(x) = a_0 + a_1 x + \cdots + a_n x^n \in R[x]$，称 $a_i x^i (i = 0, 1, \cdots, n)$ 为 $f(x)$ 的第 i 次项（term），a_i 为第 i 次项系数（coefficient），$a_n x^n$ 为首项（leading term），$n = \deg f(x)$ 为 $f(x)$ 的次数（degree）. 零多项式不定义次数. 因此，零次多项式就是 R 中的非零元素. 称 R 中的元素为常数多项式（constant polynomial）. 如果 R 有单位元，且 $a_n = 1$，称 $f(x)$ 为首一多项式（monic polynomial）.

值得注意的是，$F[x]$ 上成立的结论在 $R[x]$ 上未必成立. 比如 $R[x]$ 未必满足消去律（习题 3.1 第 10 题），也未必像 $F[x]$ 那样满足多项式的和与乘积的次数公式. 但是，某些特殊环上的多项式环会保留若干与 $F[x]$ 中类似的性质（习题 3.1 第 11 题）.

进一步地，我们可以在一元多项式环的基础上，继续构造多项式环. 设 x_1 和 x_2 是两个变量，R 是一个有单位元的环，则 $R_1 = (R[x_1], +, \cdot)$ 也是一个有单位元的环（习题 3.1 第 16 题）.

记 $R_1[x_2]$ 为 $R[x_1, x_2]$，称其为环 R 上的二元多项式环，该环中的元素形如：

$$\sum_{i=0}^{m} \sum_{j=0}^{n} a_{ij} x_1^i x_2^j, \ a_{ij} \in R, \ m, n \in \mathbf{N}.$$

更一般地，设 $x_1, x_2, \cdots, x_n$ 是 n 个变量，则 $R[x_1, x_2, \cdots, x_n] = R[x_1][x_2]\cdots[x_n]$，由形如以下的元素构成：

$$\sum_{i_1 i_2 \cdots i_n} a_{i_1 i_2 \cdots i_n} x_1^{i_1} x_2^{i_2} \cdots x_n^{i_n},$$

其中，$a_{i_1 i_2 \cdots i_n} \in R$，$i_1, i_2, \cdots, i_n \in \mathbf{N}$，$\sum$ 为有限和. 称 $R[x_1, x_2, \cdots, x_n]$ 为环 R 上的 n 元多项式环（n-ary polynomial ring）.

2. 矩阵环

我们已经学习过数域上的矩阵，及矩阵的加法、乘法、逆等运算. 类似地，可以定义任意环上的矩阵.

设 R 是一个环，记 $R^{n \times n}$ 为元素取自 R 的 n 阶方阵的集合，即

$$R^{n \times n} = \{(a_{ij})_n \mid a_{ij} \in R, \ i, j = 1, 2, \cdots, n\}.$$

类似于数域上的矩阵运算，同样定义 $R^{n \times n}$ 里矩阵的加法与乘法运算，即

$$(a_{ij})_n + (b_{ij})_n = (a_{ij} + b_{ij})_n,$$

$$(a_{ij})_n (b_{ij})_n = (c_{ij})_n,$$

其中 $(c_{ij})_n = \sum_{k=1}^n a_{ik}b_{kj}$，则 $R^{n \times n}$ 关于如上定义的加法与乘法构成一个环，称为 R 上的 n 阶矩阵环（ring of $n \times n$ matrices over R）. 若 $n > 1$，并且 $R \neq \{0\}$，则 $R^{n \times n}$ 是非交换的. 例如，设 $A, B \in R^{2 \times 2}$，其中，

$$A = \begin{pmatrix} x & 0 \\ 0 & 0 \end{pmatrix}, \quad B = \begin{pmatrix} 0 & y \\ 0 & 0 \end{pmatrix}, \quad xy \neq 0,$$

则 $AB \neq BA$. 这个例子也说明 $R^{2 \times 2}$ 含有零因子.

令 S 为 n 阶上三角矩阵的集合，即 S 中的矩阵形如

$$\begin{pmatrix} a_{11} & a_{12} & \cdots & a_{1n} \\ 0 & a_{22} & \cdots & a_{2n} \\ \vdots & \vdots & \ddots & \vdots \\ 0 & 0 & \cdots & a_{nn} \end{pmatrix}, \quad a_{ij} \in R,$$

则 S 关于矩阵的加法与乘法构成一个环，称为上三角矩阵环（ring of upper triangular matrices）. 类似地，可以定义下三角矩阵环（ring of lower triangular matrices）.

设 R 是有单位元的环，记 $E_{ij}(1 \leq i, j \leq n)$ 为 $R^{n \times n}$ 中 (i, j) 元为 1，其余元为 0 的矩阵. 由矩阵乘法的定义知

$$E_{ij}E_{kl} = \begin{cases} 0, & j \neq k, \\ E_{il}, & j = k, \end{cases}$$

那么对于任意的 $A = (a_{ij})_n \in R^{n \times n}$，$A$ 可以唯一地表示为 $E_{ij}(1 \leq i, j \leq n)$ 的（在 R 上的）线性组合，即

$$A = \sum_{1 \leq i, j \leq n} a_{ij}E_{ij}, \quad a_{ij} \in R. \tag{3.1}$$

形如式(3.1)，利用 $E_{ij}(1 \leq i, j \leq n)$ 来给出矩阵表示是解决代数问题的常用手段和有力工具.

3. 加群的自同态环

设 M 是一个加法交换群，$\mathrm{End}(M)$ 是 M 上所有自同态的集合. 在 $\mathrm{End}(M)$ 上定义加法与乘法如下：任取 $f, g \in \mathrm{End}(M)$，$x \in M$，

$$(f + g)(x) = f(x) + g(x),$$

以及

$$(fg)(x) = f(g(x)),$$

则 $\mathrm{End}(M)$ 关于如上定义的加法及乘法运算构成一个环. 首先，来证明 $f + g$，$f, g \in \mathrm{End}(M)$. 设 $x, y \in M$，则

$$\begin{aligned} (f + g)(x + y) &= f(x + y) + g(x + y) \\ &= [f(x) + f(y)] + [g(x) + g(y)] \\ &= [f(x) + g(x)] + [f(y) + g(y)] \\ &= (f + g)(x) + (f + g)(y), \end{aligned}$$

从而 $f + g \in \mathrm{End}(M)$. 注意到，上面第一个等式用了 $\mathrm{End}(M)$ 中加法的定义，第二个等式成立是因为 f 和 g 是群同态，而第三个等式成立是因为 M 是交换群. 同样地，由

End(M) 中乘法的定义, 有

$$(fg)(x + y) = f(g(x + y))$$
$$= f(g(x) + g(y))$$
$$= f(g(x)) + f(g(y))$$
$$= (fg)(x) + (fg)(y),$$

这表明 f, $g \in$ End(M). 容易证明, 变换

$$\theta: x \mapsto 0,$$

其中 $x \in M$, 以及

$$\mathrm{id}_M: x \mapsto x,$$

都是 M 的自同态. 设 $f \in$ End(M). 定义 $-f$ 为

$$\forall x \in M, \ (-f)(x) = -f(x),$$

则 $-f \in$ End(M). 这是因为, 任取 x, $y \in M$, 有

$$(-f)(x + y) = -(f(x + y)) = -(f(x) + f(y))$$
$$= -f(x) - f(y) = (-f)(x) + (-f)(y).$$

显然, $f + \theta = f$, $f + (-f) = \theta$. 请读者自己证明: 任取 f, g, $h \in$ End(M), 都有

$$(f + g) + h = f + (g + h),$$
$$f + g = g + f,$$
$$(fg)h = f(gh),$$
$$(f + g)h = fh + gh,$$
$$f(g + h) = fg + fh,$$
$$\mathrm{id}_M f = f \,\mathrm{id}_M = f.$$

因此, (End(M), +, ·) 构成一个有单位元的环.

4. 布尔环

设 X 是一个非空集合, $P(X)$ 是 X 的幂集. 在 $P(X)$ 上定义: 任取 A, $B \in P(X)$,

$$A + B = (A \cup B) - (A \cap B),$$
$$AB = A \cap B,$$

则 $(P(X), +, \cdot)$ 构成一个有单位元的交换环, 其中零元为空集, 单位元为全集 X. 任取 $A \in P(X)$, 都有

(1) $A^2 = A$;

(2) $2A = 0$.

称环 R 的元素 a 是幂等的, 如果 $a^2 = a$. 比如, $\mathbf{Z}$ 中只有两个幂等元 0 与 1. 有些环中存在异于 0 与 1 的幂等元, 比如环 $\mathbf{Z}^{2 \times 2}$ 中, $\begin{pmatrix} 1 & 0 \\ 2 & 0 \end{pmatrix}$ 是一个幂等元.

有单位元, 并且每个元素都是幂等元的环称为布尔环 (Boolean ring). 例如, $\mathbf{Z}_2$ 是布尔环, 上面提到的 $(P(X), +, \cdot)$ 是一个布尔环.

如果 R 是一个布尔环, 那么 R 的特征是 2, 即 $2x = 0$, $\forall x \in R$, 并且 R 是一个交换环. 这是因为对任意的 $x \in R$,

$$x + x = (x + x)^2$$
$$= (x + x)(x + x)$$
$$= x(x + x) + x(x + x)$$
$$= x^2 + x^2 + x^2 + x^2$$
$$= x + x + x + x.$$

从而 $2x = 4x$，故 $2x = 0$．由 x 的任意性有 $2 \cdot 1 = 0$．由习题 3.1 第 23 题可得 R 的特征为 2．设 $x, y \in R$，则

$$x + y = (x + y)^2 = (x + y)(x + y) = x^2 + xy + yx + y^2 = x + xy + yx + y,$$

这表明 $xy + yx = 0$，从而

$$xy = xy + 0 = xy + xy + yx = 2xy + yx = yx,$$

验证了 R 是一个交换环．

习 题 3.1

1. 设

$$R = \{a + b\sqrt[3]{3} + c\sqrt[3]{9} \mid a, b, c \in \mathbf{Q}\}.$$

证明：R 关于数的加法与乘法构成一个环．

2. (1) 设 $R = \{a, b\}$，加法表与乘法表为

+	a	b		·	a	b
a	a	b	,	a	a	a
b	b	a		b	a	a

.

证明：R 是一个环．

(2) 设 $R = \{a, b, c, d\}$，加法表与乘法表分别为

+	a	b	c	d
a	a	b	c	d
b	b	a	d	c
c	c	d	a	b
d	d	c	b	a

与

·	a	b	c	d
a	a	a	a	a
b	a	b	a	b
c	a	c	a	c
d	a	d	a	d

.

证明：R 是一个环.

3. 证明命题 3.1.1(3),(4).

4. 设 R 是一个环，$a, b \in R$, $m, n \in \mathbf{Z}$. 证明：

(1) $(na)(mb) = (nm)ab$；

(2) $n(-a) = (-n)a$.

5. 设 R 是一个环，$a_i, b_j \in R$, $i = 1, 2, \cdots, n$, $j = 1, 2, \cdots, m$, $m, n \in \mathbf{Z}$. 证明：

$$\sum_{i=1}^{n} a_i \sum_{j=1}^{m} b_j = \sum_{i=1}^{n} \sum_{j=1}^{m} a_i b_j = \sum_{j=1}^{m} \sum_{i=1}^{n} a_i b_j.$$

6. 设 R 是一个交换环，$a, b \in R$, $n \in \mathbf{N}$. 证明：

$$(a+b)^n = \sum_{k=0}^{n} \binom{n}{k} a^k b^{n-k},$$

并且

$$(ab)^n = a^n b^n.$$

7. 证明：如果一个环 R 有一个唯一的（关于乘法的）左单位元，那么 R 也有一个右单位元，从而 R 是有单位元的环.

8. 证明命题 3.1.2 的结论.

9. 设 R 是一个环. 证明：若 R 无零因子，则 R 满足消去律，即对任意的 $a, b, c \in R$,

$$(a \neq 0) ab = ac \Rightarrow b = c,$$

并且

$$(a \neq 0) ba = ca \Rightarrow b = c.$$

反过来，若 R 满足上面某一个消去律，则 R 无零因子，并且另一个消去律也成立.

10. 举例说明在 $\mathbf{Z}_4[x]$ 上，当 $f(x) \neq 0$ 时，

$$f(x)g(x) = f(x)h(x) \Rightarrow g(x) = h(x)$$

不成立.

11. 设 R 是一个非零的无零因子环. 证明：任取 $f(x), g(x) \in R[x]$, 下列命题成立：

(1) $\deg(f(x) + g(x)) \leqslant \max\{\deg f(x), \deg g(x)\}$；

(2) $\deg(f(x)g(x)) = \deg f(x) + \deg g(x)$；

(3) $f(x), g(x) \neq 0 \Rightarrow f(x)g(x) \neq 0$；

(4) $R[x]$ 也是无零因子环.

12. 设 R 是一个环. 称元素 $a \in R$ 是幂零的（nilpotent），如果存在正整数 n，使 $a^n = 0$.

(1) 设 $a \in R$ 是一个非零的幂等元. 证明：a 不是幂零元.

(2) 设 R 有单位元，$a \in R$ 可逆. 证明：a 不是一个零因子.

(3) 设 R 有单位元，并且 R 无零因子. 证明：R 的幂等元只有 0 和 1.

13. 设

$$R = \left\{ \begin{pmatrix} a & 0 & 0 \\ 0 & a & 0 \\ b & c & a \end{pmatrix} \middle| a, b, c \in \mathbf{Z}_2 \right\}.$$

(1) 证明：R 关于矩阵的加法与乘法构成一个交换环.

(2) 求 $U(R)$.

(3) 找出 R 的所有幂等元.

(4) 找出 R 的所有幂零元.

14. 设 R 是一个环. 证明下列命题等价：

(1) R 没有非零的幂零元；

(2) 对任意的 $a \in R$, 如果 $a^2 = 0$, 那么 $a = 0$.

15. 证明以下集合关于数的加法与乘法构成整环：

$$\mathbf{Z}[\sqrt{n}] = \{a + b\sqrt{n} \mid a, b \in \mathbf{Z}\},$$

$$\mathbf{Z}[\sqrt{-n}] = \{a + b\sqrt{-n} \mid a, b \in \mathbf{Z}\},$$

$$\mathbf{Q}[\sqrt{n}] = \{a + b\sqrt{n} \mid a, b \in \mathbf{Q}\},$$

$$\mathbf{Q}[\sqrt{-n}] = \{a + b\sqrt{-n} \mid a, b \in \mathbf{Q}\}$$

$$\mathbf{Q}[i] = \{a + bi \mid a, b \in \mathbf{Q}\},$$

其中，n 是一个取定的正整数，$i^2 = -1$. 进一步证明 $\mathbf{Q}[\sqrt{n}]$, $\mathbf{Q}[\sqrt{-n}]$, $\mathbf{Q}[i]$ 是域.

16. 设 $(R, +, \cdot)$ 是一个环. 证明：

(1) $(R[x], +, \cdot)$ 也是一个环；

(2) R 有单位元当且仅当 $R[x]$ 有单位元；

(3) R 可交换当且仅当 $R[x]$ 可交换.

17. 在 $\mathbf{Z}_6[x]$ 中，计算 $([1]x^2 + [5]x + [1]) \cdot ([1]x^3 + [4]x)$.

18. 计算 $U(\mathbf{Z})$，$U(\mathbf{Z}[i])$ 及 $U(F[x])$，其中，F 是一个数域.

19. 设 $f: R \to R'$ 是一个环同态. 证明：

(1) f 是单态当且仅当 $\mathrm{Ker} f = \{0\}$；

(2) f 是满态当且仅当 $\mathrm{Im} f = R'$.

20. 设 $f: R \to R'$ 是一个环同态. 证明：

(1) 若 R 是交换环，则 $f(R)$ 也是交换环.

(2) 设 R 有单位元，且 $f(R) = R'$，则

(a) R' 也有单位元；

(b) 若 $a \in R$ 是一个单位，则 $f(a)$ 也是 R' 的单位，并且 $f(a)^{-1} = f(a^{-1})$.

21. *证明：环 $\mathbf{Z}[\sqrt{3}] = \{a + b\sqrt{3} \mid a, b \in \mathbf{Z}\}$ 与环 $\mathbf{Z}[\sqrt{5}] = \{a + b\sqrt{5} \mid a, b \in \mathbf{Z}\}$ 不同构.

22. (1) 证明：设 R 是一个有限的无零因子交换环，且 $|R| \geq 2$. 证明：R 是域.

(2) 证明：每一个至少含有两个元的有限整环都是域.

23. 设 R 是有单位元的环，$\text{ch}(R) = n$. 证明：$n > 0$ 当且仅当 n 是满足 $n1 = 0$ 的最小正整数.

3.2 理想与商环

定义 3.2.1 设 $(R, +, \cdot)$ 是一个环，A 是 R 的一个非空子集. 若 A 关于 R 的两个运算，即 $(A, +, \cdot)$ 也构成一个环，则称 A 为 R 的子环（subring），记作 $A \leqslant R$.

易见，A 是 R 的子环当且仅当 $(A, +)$ 是 $(R, +)$ 的子群，且 $(A, \cdot)$ 是 $(R, \cdot)$ 的子半群. 因此，可得以下命题.

命题 3.2.1 设 $(R, +, \cdot)$ 是一个环，A 是 R 的一个非空子集，则 A 是 R 的子环当且仅当对任意的 $a, b \in A$，都有 $a - b, ab \in A$.

显然，每个非零环 R 都有两个平凡子环 $\{0\}$ 和 R.

例 3.2.1 设 R 是一个环，记

$$C(R) = \{r \in R \mid xr = rx, \forall x \in R\},$$

则 $C(R)$ 是 R 的子环.

证明： 由于 $0 \in C(R)$，故 $C(R) \neq \varnothing$. 设 $a, b \in C(R)$，$x \in R$，则

$$(a - b)x = ax - bx = xa - xb = x(a - b).$$

因此，$a - b \in C(R)$. 而且，

$$(ab)x = a(bx) = a(xb) = (xa)b = x(ab),$$

故 $ab \in C(R)$. 从而，由命题 3.2.1 知 $C(R)$ 是 R 的一个子环，称为 R 的中心. □

下面要介绍理想的概念. 环中理想所处的地位与群中正规子群的地位类似. 环模理想构成商环的思想也与群模正规子群构成商群是同样的构建原理. 因此，本节关于环的理想、同态、商的理论都可以在第 2 章的群论中找到平行概念和结论.

定义 3.2.2 设 $(R, +, \cdot)$ 是一个环，I 是 R 的非空子集. 称 I 是 R 的一个左理想（右理想）[left ideal（right ideal）]，如果

（1）$\forall a, b \in I, a - b \in I$.

（2）$\forall a \in I, r \in R, ra \in I (ar \in I)$.

若 I 既是左理想又是右理想，则称 I 是 R 的理想（ideal），记作 $I \lhd R$.

显然，（左、右）理想一定是子环，但反之不然，请读者自己举例. 每个非零环 R 都有两个平凡理想 $\{0\}$ 和 R. 若 R 的理想 I 是 R 的真子集，则称 I 是 R 的真理想（proper ideal）. 只有平凡理想的非零环称为单环（simple ring）. 易证，除环和域都是单环（练习 3.2 第 4 题）；反过来，若 R 是有单位元的且阶大于 1 的交换单环，则 R 是域（命题 3.2.5）.

例 3.2.2 矩阵环 $\mathbf{R}^{2 \times 2}$ 是一个单环.

证明： 设 A 是 $\mathbf{R}^{2 \times 2}$ 的任意一个非零理想，则存在非零元 $\begin{pmatrix} a & b \\ c & d \end{pmatrix} \in A$，其中 a, b，$c, d \in \mathbf{R}$ 且至少有一个是非零的数. 不妨设 $a \neq 0$，其他情形可以类似证明. 由于 A

是理想，并且 $\begin{pmatrix} 1 & 0 \\ 0 & 0 \end{pmatrix}$, $\begin{pmatrix} 0 & 1 \\ 0 & 0 \end{pmatrix}$, $\begin{pmatrix} 0 & 0 \\ 1 & 0 \end{pmatrix} \in \mathbf{R}^{2\times2}$, $a^{-1} \in \mathbf{R}$, 因此

$$\begin{pmatrix} 1 & 0 \\ 0 & 0 \end{pmatrix}\begin{pmatrix} a & b \\ c & d \end{pmatrix}\begin{pmatrix} a^{-1} & 0 \\ 0 & 0 \end{pmatrix} = \begin{pmatrix} 1 & 0 \\ 0 & 0 \end{pmatrix} \in A,$$

并且有

$$\begin{pmatrix} 1 & 0 \\ 0 & 0 \end{pmatrix}\begin{pmatrix} 0 & 1 \\ 0 & 0 \end{pmatrix} = \begin{pmatrix} 0 & 1 \\ 0 & 0 \end{pmatrix} \in A,$$

以及

$$\begin{pmatrix} 0 & 0 \\ 1 & 0 \end{pmatrix}\begin{pmatrix} 0 & 1 \\ 0 & 0 \end{pmatrix} = \begin{pmatrix} 0 & 0 \\ 0 & 1 \end{pmatrix} \in A.$$

最终，我们得到

$$\begin{pmatrix} 1 & 0 \\ 0 & 1 \end{pmatrix} = \begin{pmatrix} 1 & 0 \\ 0 & 0 \end{pmatrix} + \begin{pmatrix} 0 & 0 \\ 0 & 1 \end{pmatrix} \in A.$$

这表明 $A = \mathbf{R}^{2\times2}$. □

例 3.2.3　（1）整数环 $\mathbf{Z}$ 的每个子环都是理想. 证明如下：设 I 是 $\mathbf{Z}$ 的子环，$a \in I$, $r \in \mathbf{Z}$, 则

$$ar = \begin{cases} 0, & r = 0, \\ \underbrace{a + a + \cdots + g}_{r\text{次}}, & r > 0, \\ \underbrace{-a - a - \cdots - g}_{-r\text{次}}, & r < 0. \end{cases}$$

无论哪种情况，都有 $ar \in I$. 因此，I 是 $\mathbf{Z}$ 的理想.

（2）设 R 是一个环，$a \in R$, 则

$$aR = \{ar \mid r \in R\}$$

是 R 的一个右理想，而

$$Ra = \{ra \mid r \in R\}$$

是 R 的一个左理想. 若 R 是交换环，则 aR 是 R 的理想.

注意到，a 未必属于 aR. 显然，使 a 属于 aR 的一个充分条件是 $1 \in R$, 在这种情形下，aR 是 R 中包含 a 的最小右理想.

（3）设 S 是环 R 上 2 阶上三角矩阵环，则

$$I = \left\{ \begin{pmatrix} 0 & a \\ 0 & 0 \end{pmatrix} \middle| a \in F \right\}$$

是 S 的理想.

下面的结论是显然的，证明与群的情形类似.

命题 3.2.2　设 $f: R \to R'$ 是一个环同态，则 $\mathrm{Ker}f$ 是 R 的理想，而 $\mathrm{Im}f$ 是 R' 的子环.

与群中正规子群的概念类似，理想的提出源于环中同余的表达，读者可以仿照第 2.6 节的内容，自行证明环中理想与同余的一一对应关系. 我们只给出环上同余的

概念.

定义 3.2.3 设 R 是一个环，ρ 是 R 上的等价关系. 称 ρ 为一个同余，如果 ρ 关于环 R 的运算是相容的，即任取 a，b，$c \in R$，由 $a\,\rho\,b$ 可以得到
$$(a + c)\rho(b + c)，并且\ ac\,\rho\,bc，ca\,\rho\,cb.$$

下面我们将着重讨论环中理想的性质、生成理想的结构，以及应用理想构建的商环. 显然，一个环的若干理想（子环）之交仍是理想（子环），但理想之并未必是理想. 类似于子空间的和空间的情形，两个理想的和仍是理想，而且是包含它们的最小理想.

命题 3.2.3 设 R 是一个环，则

（1）R 的若干理想（子环）之交仍是理想（子环）；

（2）设 I，J 是 R 的理想，记
$$I + J = \{a + b \mid a \in I，b \in J\}，$$
则 $I + J$ 是 R 中包含 I 与 J 的最小理想.

证明：（1）我们只证环 R 的若干理想之交仍是理想. 设 Λ 是个指标集，A_i 是 R 的理想，$i \in \Lambda$. 下面证明 $\cap_{i \in \Lambda} A_i$ 是 R 的理想. 任取 a，$b \in \cap_{i \in \Lambda} A_i$，$r \in R$，则对任意的 $i \in \Lambda$，$a - b$，ar，$ra \in A_i$，这是因为 A_i 是 R 的理想. 从而 $a - b$，ar，$ra \in \cap_{i \in \Lambda} A_i$，因此 $\cap_{i \in \Lambda} A_i$ 是 R 的理想.

（2）设 I，J 是 R 的理想. 任取 $a + b$，$a' + b' \in I + J$，$r \in R$. 因为 I 是 R 的理想，所以 $a - a'$，ar，$ra \in I$；同样地，$b - b'$，br，$rb \in J$. 故 $(a + b) - (a' + b')$，$(a + b)r$，$r(a + b) \in I + J$. 因此 $I + J$ 也是 R 的理想.

假设 K 是 R 的理想，I，$J \subseteq K$. 任取 $a \in I$，$b \in I$，显然有 a，$b \in K$，并且 $a + b \in K$，即 $I + J \subseteq K$. □

命题 3.2.3(2) 的结论可以推广到有限多个的情形，即一个环的任意有限多个理想之和仍是理想.

下面讨论理想的生成，我们从一个环的子集合出发，构造出包含这个子集合的最小理想.

给定一个环 $(R，+，\cdot)$，以及它的非空子集 S，由命题 3.2.3 知 R 中所有包含 S 的理想之交仍是 R 理想，而且是包含 S 的最小理想，记为 (S). 下面具体分析一下 (S) 的构成. 任取 $a \in S$，由于 $((S)，+)$ 是 $(R，+)$ 的子加群，故 $\forall n \in \mathbf{Z}$，有
$$na \in (S). \tag{3.2}$$
而 R 未必可交换，故有
$$\forall r，s \in R，ra，ar，ras \in (S). \tag{3.3}$$
因此，S 中每个元素所生成的形如式(3.2)及式(3.3)的元素，以及这些元素的任意乘积之和都在 (S) 中. 实际上，(S) 也恰好包含这些元素. 设 A，$B \subseteq R$，记
$$AB = \left\{ \sum_{i=1}^{k} a_i b_i \,\Big|\, a_i \in A，b_i \in B，1 \leqslant i \leqslant k，k \in \mathbf{N}^* \right\}，$$
$$\mathbf{Z}A = \left\{ \sum_{i=1}^{k} n_i a_i \,\Big|\, n_i \in \mathbf{Z}，a_i \in A，1 \leqslant i \leqslant k，k \in \mathbf{N}^* \right\}.$$

命题 3.2.4　设 R 是一个环，S 是 R 的非空子集，则

$$(S) = \mathbf{Z}S + RS + SR + RSR.$$

证明：这里只给一些证明的提示，具体证明留给读者. 令 $T = \mathbf{Z}S + RS + SR + RSR.$

首先需要证明 T 是 R 的理想；其次证明 $S \subseteq T$；最后，若 I 是 R 的理想，并且 $S \subseteq I$，则必有 $T \subseteq I$.　□

称 (S) 为由 S 所生成的理想（ideal generated by S）. 若 $S = \{a\}$，记 $(S) = (a)$，则

$$(a) = \left\{ na + ra + as + \sum r_i as_i \mid n \in \mathbf{Z},\ r,\ s,\ r_i,\ s_i \in R, \sum \text{ 为有限和} \right\},$$

(a) 称为由 a 生成的主理想（principal ideal）.

若 R 有单位元，则对任意的 $n \in \mathbf{Z}$，$s \in S$，

$$ns = n(1s) = (n1)s \in RS,$$

表明 $\mathbf{Z}S \subseteq RS$. 而 $RS = RS1 \subseteq RSR$，于是

$$\begin{cases} (S) = RSR, & \text{如果 } R \text{ 有单位元}, \\ (S) = \mathbf{Z}S + RS, & R \text{ 可交换}, \\ (S) = RS, & R \text{ 有单位元且可交换}. \end{cases}$$

例 3.2.4　在整数环 $(\mathbf{Z}, +, \cdot)$ 中，任取 $n \in \mathbf{N}$，由 n 生成的主理想为

$$(n) = n\mathbf{Z} = \{nk \mid k \in \mathbf{Z}\}.$$

事实上，$\mathbf{Z}$ 的每个理想都是主理想. 如果 I 是 $\mathbf{Z}$ 的非零理想，那么 I 一定含有正整数（想一想为什么），取 I 中的最小正整数 n. 任取 $m \in I$，由带余除法，设 $m = qn + r$，$0 \leqslant r < n$，则有 $r = m - qn \in I$. 由于 n 是 I 的最小正整数，因此 $r = 0$，即 $m = qn$，故 $I = (n)$.

若整环 R 的每个理想都是主理想，则称 R 为主理想整环（principal ideal domain）. 由例 3.2.4 知，整数环是主理想整环. 事实上，我们熟悉的 $F[x]$ 也是主理想整环.

例 3.2.5　设 F 是一个数域，则 $F[x]$ 是主理想整环.

证明：任取 $F[x]$ 的理想 I. 如果 $I = \{0\}$，显然 $I = (0)$. 下面假设 $I \neq \{0\}$，$f(x) \in I$，取 $h(x)$ 是 I 中次数最小的多项式，依据带余除法有

$$f(x) = h(x)g(x) + r(x),$$

其中 $r(x) = 0$ 或 $\deg r(x) < \deg h(x)$. 由于

$$r(x) = f(x) - g(x)h(x) \in I,$$

只有 $r(x) = 0$，故 $f(x) = h(x)g(x)$，即 $I = (h(x))$.　□

借助生成理想的表达，我们可以证明前面提到的单环做成域的结论.

命题 3.2.5　设 R 是阶大于 1 的单环. 若 R 有单位元，且可交换，则 R 是域.

证明：任取 $0 \neq a \in R$，有 $(a) \neq \{0\}$. 但 R 是单环，只有平凡理想，故 $(a) = R$，从而 $1 \in (a)$. 易知，

$$(a) = \{ra \mid r \in R\}.$$

于是，存在 $b \in R$，使 $ab = ba = 1$，即 R 中每个非零元都有逆元. 因此，R 是域.

□

推论 3.2.1 设 R 是有单位元的非零交换环,则 R 是域当且仅当 R 是单环.

注 3.2.1 阶大于1,有单位元的单环不一定是除环. 比如数域 F 上的矩阵环 $F^{n\times n}$ 是有单位元的单环,但 $F^{n\times n}$ 显然不是除环.

我们已经知道,在一个环中,理想与同余是一一对应的,而同余会产生商代数. 同样地,理想会产生相应的商环.

设 R 是一个环,I 是 R 的理想,则对加群而言,$(I,+)$ 是 $(R,+)$ 的正规子群,于是有商加群

$$(R/I,+) = \{a+I \mid a\in R\},$$

其运算为:对任意的 $a,b\in R$,有

$$(a+I)+(b+I) = (a+b)+I.$$

在 R/I 上定义乘法:

$$(a+I)\cdot(b+I) = ab+I, \quad a,b\in R.$$

$(R/I,+,\cdot)$ 构成一个环(请读者自己证明),称 R/I 为 R 关于理想 I 的商环(quotient ring).

注 3.2.2 (1) 在商环 R/I 中,零元为 $[0]=0+I$;任取 $a\in R$,$a+I$ 的负元为 $(-a)+I$.

(2) 若 R 是有单位元的环,则 $1+I$ 是 R/I 的单位元.

(3) 若 R 是交换环,则 R/I 也是交换环.

(4) 如果 $I=R$,那么 R/I 是零环. 如果 $I=(0)$,那么在同构意义下,R/I 就是 R,对于 $a\in R$,$a+(0)$ 等同于 a.

下面看一些具体商环的例子.

例 3.2.6 考虑整环 $(\mathbf{Z},+,\cdot)$,及它的任意理想 I. 由例 3.2.4 知,存在 $n\in\mathbf{N}$,使 $I=(n)=n\mathbf{Z}$. 显然

$$\begin{aligned}
\mathbf{Z}/I &= \mathbf{Z}/(n) \\
&= \{a+(n) \mid a\in\mathbf{Z}\} \\
&= \{(n), 1+(n), \cdots, n-1+(n)\},
\end{aligned}$$

且 $(\mathbf{Z}/(n),+)$ 构成一个商群. 在 $\mathbf{Z}/(n)$ 中定义乘法运算如下:任取 $a+(n)$,$b+(n)\in\mathbf{Z}/(n)$,

$$(a+(n))\cdot(b+(n)) = ab+(n),$$

则 $(\mathbf{Z}/(n),+,\cdot)$ 构成一个商环. 事实上 $\mathbf{Z}/(n)$ 与 $\mathbf{Z}_n$ 是环同构的(习题 3.2 第 17 题).

例 3.2.7 设 R 是有单位元的环,$R[x]$ 是 R 上的多项式环,则

$$R[x]/(x) = \{a+(x) \mid a\in R\}.$$

证明: 由于 R 有单位元,$x=1x\in R[x]$,从而 (x) 有意义. 任取 $a+a_1x+a_2x^2+\cdots+(x)\in R[x]/(x)$. 由于 $x\in(x)$,可得

$$\begin{aligned}
a+a_1x+a_2x^2+\cdots+(x) &= a+(x)+a_1x+(x)+a_2x^2+(x)+\cdots \\
&= a+(x).
\end{aligned}$$

显然,$R[x]/(x)\cong R$. 应用环的同态基本定理,也可以得出这个结论. □

与群的情形类似，我们也可以得到一个环到它的商环的自然满态，以及环的同态基本定理.

命题 3.2.6　设 R 是一个环，I 是 R 的理想，则商映射 π：$R \to R/I$，$\pi(a) = a + I$，$a \in R$ 是环的满同态，且 $\mathrm{Ker}\pi = I$.

定理 3.2.1（环的同态基本定理）　设 f：$R \to R'$ 是环的满同态，则 $R/\mathrm{Ker}f \cong R'$.

证明：由群同态基本定理的证明知，$\bar{f}$：$R/\mathrm{Ker}f \to R'$，$\bar{f}(a + \mathrm{Ker}f) = f(a)$，$a \in R$ 是使如图 3.2 所示的交换的加群同构.

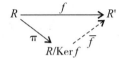

图 3.2　加群同构

容易证明，$\bar{f}$ 保持环的乘法运算. 因此，$\bar{f}$ 是一个环同构，从而 $R/\mathrm{Ker}f \cong R'$.　□

推论 3.2.2　设 f：$R \to R'$ 是一个环同态，则 $R/\mathrm{Ker}f \cong \mathrm{Im}f$.

例 3.2.8　设 R 是有单位元的环，则 $R[x]/(x) \cong R$.

证明：定义 σ：$R[x] \to R$ 为 $\sigma(f(x)) = f(0)$，$f(x) \in R[x]$. 易证 σ 是环的满同态. 由于
$$f(x) \in \mathrm{Ker}\sigma \Leftrightarrow f(0) = 0 \Leftrightarrow f(x) \in (x),$$
故 $\mathrm{Ker}\sigma = (x)$. 由同态基本定理知 $R[x]/(x) \cong R$.　□

例 3.2.9　$\mathbf{R}[x]/(x^2 + 1) \cong \mathbf{C}$.

证明：定义 σ：$\mathbf{R}[x] \to \mathbf{C}$ 为 $\sigma(f(x)) = f(\mathrm{i})$，$f(x) \in \mathbf{R}[x]$，则 σ 是满同态. 由
$$f(x) \in \mathrm{Ker}\sigma \Leftrightarrow f(\mathrm{i}) = 0$$
$$\Leftrightarrow (x \pm \mathrm{i}) \mid f(x)$$
$$\Leftrightarrow (x^2 + 1) \mid f(x)$$
$$\Leftrightarrow f(x) \in (x^2 + 1)$$
知 $\mathrm{Ker}\sigma = (x^2 + 1)$. 由同态基本定理可得 $\mathbf{R}[x]/(x^2 + 1) \cong \mathbf{C}$.　□

下面的结论与群论类似（习题 2.6 第 10 题）.

命题 3.2.7　设 R 是一个环，I 是 R 的理想，则下面结论成立：

（1）如果 J 是 R 的理想，并且 $I \subseteq J$，那么 J/I 是 R/I 的理想；

（2）如果 L 是 R/I 的理想，那么存在 R 的理想 J 满足 $J \supseteq I$，并且 $L = J/I$.

证明：我们证明（1），（2）留作练习. 易见，$J/I = \{j + I \mid j \in J\} \subseteq R/I$. 任取 $j_1 + I, j_2 + I \in J/I$，由于
$$(j_1 + I) - (j_2 + I) = (j_1 - j_2) + I \in J/I,$$
并且对任意的 $a + I \in R/I$，$j + I \in J/I$，有
$$(a + I)(j + I) = aj + I \in J/I$$
及
$$(j + I)(a + I) = ja + I \in J/I.$$

由理想的定义可得 J/I 是 R/I 的理想. □

我们已经介绍过，环的理想与群的正规子群地位类似，它们都是相应代数中同余所对应的子代数表示. 下面给出环中关于同余及商环的定理，请读者仿照定理 2.6.4 自行证明，其余与群论类似的平行结论见习题 3.2 第 10 题至第 12 题.

定理 3.2.2 设 R 是一个环，$\sim$ 是 R 上的等价关系，$R/\sim = \{[a] \mid a \in R\}$. 对任意的 $a, b \in R$，定义

$$[a] + [b] = [a+b], \quad [a] \cdot [b] = [ab], \tag{3.4}$$

则以下命题等价：

（1）$\sim$ 是 R 的同余；

（2）式(3.4) 是良好定义的；

（3）$(R/\sim, +, \cdot)$ 是环.

（4）$[0]$ 是 R 的理想，且对任意的 $a \in R$，都有 $[a] = a + [0]$.

习 题 3.2

1. 考虑矩阵环 $\mathbf{Z}^{2\times 2}$. 令

$$I_1 = \left\{\begin{pmatrix} a & 0 \\ b & 0 \end{pmatrix} \middle| a,b \in \mathbf{Z}\right\},$$

$$I_2 = \left\{\begin{pmatrix} 0 & a \\ 0 & b \end{pmatrix} \middle| a,b \in \mathbf{Z}\right\},$$

$$I_3 = \left\{\begin{pmatrix} a & c \\ b & d \end{pmatrix} \middle| a,b,c,d \in 2\mathbf{Z}\right\},$$

$$I_4 = \left\{\begin{pmatrix} a & 0 \\ 0 & 0 \end{pmatrix} \middle| a \in \mathbf{Z}\right\}.$$

证明：

（1）I_1 是 $\mathbf{Z}^{2\times 2}$ 的左理想，但不是右理想；

（2）I_2 是 $\mathbf{Z}^{2\times 2}$ 的左理想，但不是右理想；

（3）I_3 是 $\mathbf{Z}^{2\times 2}$ 的理想；

（4）I_4 是 $\mathbf{Z}^{2\times 2}$ 的子环，但不是 $\mathbf{Z}^{2\times 2}$ 的理想.

2. 设 I 是交换环 R 的理想. 定义 I 的零化子（annihilator）为

$$\mathrm{ann}I = \{r \in R \mid ra = 0, \ \forall a \in I\}.$$

证明：$\mathrm{ann}I$ 是 R 的理想.

3. 在矩阵环 $(\mathbf{C}^{2\times 2}, \cdot, +)$ 中，令

$$Q_\mathbf{C} = \left\{\begin{pmatrix} \alpha & \beta \\ -\bar\beta & \bar\alpha \end{pmatrix} \middle| \alpha, \beta \in \mathbf{C}\right\}.$$

证明：$Q_\mathbf{C}$ 是 $(\mathbf{C}^{2\times 2}, +, \cdot)$ 的子环，并且 $Q_\mathbf{C}$ 是一个除环. 试讨论 $Q_\mathbf{C}$ 与例 3.1.9 中 $Q_\mathbf{R}$ 的关系.

4. 证明：除环与域只有平凡理想.

5. 设 R 是一个环, A 是 R 的左理想, B 是 R 的右理想. 证明: AB 是 R 的理想, 并且 $BA \subseteq A \cap B$.

6. 设 I, J 是环 R 的理想. 证明: $I \cup J$ 是 R 的理想当且仅当 $I \subseteq J$, 或者 $J \subseteq I$.

7. 设 m, n 是正整数. 证明:

(1) $(m, n) = (m) + (n) = (d)$, 其中, d 是 m 与 n 的最大公因数;

(2) $(m) \cap (n) = (q)$, 其中, q 是 m 与 n 的最小公倍数.

8. 设 R 是一个环, ρ 是 R 上的等价关系. 证明以下命题成立:

(1) ρ 是 R 的同余当且仅当
$$\forall a, b, c, d \in R, a \rho b, c \rho d \Rightarrow a + c \rho b + d \text{ 且 } ac \rho bd;$$

(2) 若 ρ 是 R 的同余, 则
$$\forall a, b \in R, a \rho b \Rightarrow -a \rho -b.$$

9. 设 $f: R \rightarrow R'$ 是一个环同态. 证明:
$$\mathrm{ker} f = \{(a, b) \in R \times R \mid f(a) = f(b)\}$$
是 R 的同余.

10. 设 R 是一个环, ρ 是 R 的一个同余. 证明: $[0]_\rho$ 是 R 的一个理想.

11. 设 R 是一个环, I 是 R 的一个理想. 在 R 上定义关系:
$$a \rho_I b \Leftrightarrow a - b \in I,$$
其中 a, $b \in R$. 证明: ρ_I 是 R 的同余.

12.* 设 R 是一个环, 记
$$\mathrm{Con}(R) = \{\rho \subseteq R \times R \mid \rho \text{ 是 } R \text{ 的同余}\},$$
$$\mathrm{I}(R) = \{I \subseteq R \mid I \text{ 是 } R \text{ 的理想}\}.$$
证明: $(\mathrm{Con}(R), \subseteq)$ 与 $(\mathrm{I}(R), \subseteq)$ 是格同构的.

13. 设 $UT_2(\mathbf{Z}) = \left\{ \begin{pmatrix} a & b \\ 0 & c \end{pmatrix} \mid a, b, c \in \mathbf{Z} \right\}$ 是 $\mathbf{Z}$ 上的上三角矩阵环.

(1) 证明: $I = \left\{ \begin{pmatrix} 0 & b \\ 0 & c \end{pmatrix} \mid b, c \in \mathbf{Z} \right\}$ 是 $UT_2(\mathbf{Z})$ 的理想. 写出商环 $UT_2(\mathbf{Z})/I$.

(2) 证明: $J = \left\{ \begin{pmatrix} 0 & b \\ 0 & 0 \end{pmatrix} \mid b \in \mathbf{Z} \right\}$ 是 $UT_2(\mathbf{Z})$ 的理想. 写出商环 $UT_2(\mathbf{Z})/J$.

14. 证明: $I = \{a + b\sqrt{5}\mathrm{i} \mid a, b \in \mathbf{Z}, a - b \text{ 是偶数}\}$ 是环 $\mathbf{Z}[\sqrt{5}\mathrm{i}]$ 的理想.

15. 考虑环 $\mathbf{Z}_{24}$. 证明: $I = \{[0], [8], [16]\}$ 是 $\mathbf{Z}_{24}$ 的理想. 写出商环 $\mathbf{Z}_{24}/I$ 的所有元素.

16. 证明命题 3.2.4 及命题 3.2.6.

17. 证明: $\mathbf{Z}/(n)$ 与 $\mathbf{Z}_n$ 是环同构的.

18. 判断下列命题, 如果正确给出证明, 否则, 举一个反例.

(1) 设 $\{I_i \mid i \in \mathbf{Z}\}$ 是环 R 的一族理想, 则 $\cup_{i \in \mathbf{Z}} I_i$ 也是 R 的理想;

(2) $\mathbf{Z}$ 是 $\mathbf{R}$ 的子环, 但不是 $\mathbf{R}$ 的理想;

(3) 如果 I 是整环 R 的非平凡理想, 那么商环 R/I 也是整环.

19. 设 F 是一个域, R 是一个任意环, $f: F \rightarrow R$ 是任意一个非零的环同态. 证

明：f 是单射.

20. 设 $\phi:F\to F'$ 是一个域同态. 证明：ϕ 要么是零同态，要么是内射的，从而 ϕ 的像要么是 $\{0\}$，要么同构于 F.

3.3 素理想与极大理想

本节讨论两类重要的理想：素理想与极大理想. 这些理想的提出很大程度上源自整数的算术性质. 在本节中，我们约定环 R 至少含有 2 个元素.

定义 3.3.1 设 R 是一个环，I 是 R 的理想. 若由 $AB\subseteq I$，可以得出 $A\subseteq I$，或者 $B\subseteq I$，其中，A，B 是 R 的理想，则称 I 为 R 的素理想（prime ideal）.

下面的命题应用元素给出了一个对素理想的重要等价刻画. 我们已经知道，如果 A 是环 R 的左理想，B 是 R 的右理想，那么 AB 是 R 的理想（习题 3.2 第 5 题）. 设 $a\in R$，则 Ra 是 R 的左理想，aR 是 R 的右理想，因此，$R(aR)$ 是 R 的理想. 记 $R(aR)$ 为 RaR，类似地，$aRa=\{ara\mid r\in R\}$.

命题 3.3.1 设 R 是一个环，P 是 R 的理想，则 P 是 R 的素理想当且仅当对任意的 a，$b\in R$，如果 $aRb\subseteq P$，那么一定有 $a\in P$，或者 $b\in P$.

证明： 设 P 是 R 的素理想，$aRb\subseteq P$，a，$b\in R$. 令 $A=RaR$，$B=RbR$，则 A，B 也是 R 的理想，而且

$$AB=(RaR)(RbR)\subseteq R(aRb)R\subseteq RPR\subseteq P.$$

由于 P 是素理想，因此 $A\subseteq P$，或者 $B\subseteq P$. 假设 $A\subseteq P$，那么 $(a)^3\subseteq RaR=A\subseteq P$. 再次应用 P 是素理想，有 $(a)\subseteq P$，因此，$a\in P$. 类似地，如果 $B\subseteq P$，同样会得到 $b\in P$.

反过来，假设 P 是满足已知条件的理想. 设 A，B 是 R 的理想，并且 $AB\subseteq P$. 假设 $A\not\subseteq P$，则存在 $a\in A$，但是 $a\notin P$. 设 $b\in B$，则有 $aRb=(aR)b\subseteq AB\subseteq P$. 由已知条件可得，$a\in P$，或者 $b\in P$. 但 $a\notin P$，只有 $b\in P$，即 $B\subseteq P$. 因此，P 是 R 的素理想. □

由命题 3.3.1，可以立即得到以下定理.

定理 3.3.1 设 R 是一个交换环，P 是 R 的理想，则 P 是 R 的素理想当且仅当对任意的 a，$b\in R$，如果 $ab\in P$，那么一定有 $a\in P$，或者 $b\in P$.

显然，I 是交换环 R 的素理想当且仅当对任意的 a，$b\in R$，都有

$$a\notin I,\ b\notin I\Rightarrow ab\notin I.$$

例 3.3.1 $P=\{3k\mid k\in\mathbf{Z}\}$ 是 $\mathbf{Z}$ 的素理想. 这是因为

$$ab\in P\Leftrightarrow 3\mid ab$$
$$\Leftrightarrow 3\mid a\ \text{或者}\ 3\mid b$$
$$\Leftrightarrow a\in P\ \text{或者}\ b\in P.$$

而 $I=\{6k\mid k\in\mathbf{Z}\}$ 不是 $\mathbf{Z}$ 的素理想，因为 $3\cdot 2=6\in I$，但是 $3\notin I$，并且 $2\notin I$.

事实上，$\mathbf{Z}$ 的所有非平凡素理想都是由素数生成的理想.

定理 3.3.2 在整数环 $\mathbf{Z}$ 中，正整数 p 为素数当且仅当 (p) 是素理想.

与 $\mathbf{Z}$ 类似，$F[x]$ 的非平凡素理想是由不可约多项式生成的，这里 F 是一个数域.

定理 3.3.3 设 F 是一个数域，$p(x) \in F[x]$ 是一个次数大于 0 的多项式，则 $(p(x))$ 是素理想当且仅当 $p(x)$ 是不可约多项式.

证明： 由于
$$(p(x)) = p(x)F[x] = \{p(x)h(x) \mid h(x) \in F[x]\},$$
故 $f(x) \in (p(x))$ 当且仅当 $p(x) \mid f(x)$. 若 $p(x)$ 为不可约多项式，则
$$f(x)g(x) \in (p(x)) \Leftrightarrow p(x) \mid f(x)g(x)$$
$$\Leftrightarrow p(x) \mid f(x)，或者 p(x) \mid g(x)，$$
$$\Leftrightarrow f(x) \in (p(x))，或者 g(x) \in (p(x)).$$
再假设 $(p(x))$ 是素理想，且 $p(x) = f(x)g(x)$，$f(x)$，$g(x) \in F[x]$，由 $p(x) \in (p(x))$，知 $f(x) \in (p(x))$，或者 $g(x) \in (p(x))$. 这表明 $p(x)$ 只有平凡分解，故 $p(x)$ 是一个不可约多项式. □

我们可以得到更为一般的情形，即每个主理想整环的非平凡素理想都是由素元生成的，反之亦然（推论 3.4.1）.

交换环的素理想可以用商环刻画.

定理 3.3.4 设 R 是有单位元的非零交换环，I 是 R 的真理想，则 I 是 R 的素理想当且仅当 R/I 是整环.

证明： 必要性. 设 I 是 R 的素理想. 显然，R/I 是有单位元的交换环，要证明 R/I 是整环，只需证明 R/I 无零因子. 若 $(a+I)(b+I) = I$，a，$b \in R$，则 $ab+I = I$，这表明 $ab \in I$. I 是素理想，故 $a \in I$ 或 $b \in I$，即 $a+I = 0$ 或 $b+I = 0$.

充分性. 设 R/I 是整环，且 $ab \in I$，a，$b \in R$，则有
$$0 = ab + I = (a+I)(b+I).$$
由于 R/I 是整环，故 $a+I = 0$ 或 $b+I = 0$，即 $a \in I$ 或 $b \in I$. □

由定理 3.3.4，可以立即得到以下推论.

推论 3.3.1 设 R 是有单位元的非零交换环，则 R 是整环当且仅当 $\{0\}$ 是 R 的素理想.

定义 3.3.2 设 R 是一个环，I 是 R 的真理想. 若不存在 R 的理想 J，使 $I \subsetneqq J \subsetneqq R$，则称 I 是 R 的一个极大理想（maximal ideal）.

例 3.3.2 在整数环 $\mathbf{Z}$ 中，任取一个素数 p，都有 (p) 是 $\mathbf{Z}$ 的极大理想.

证明： 设 p 是一个素数，J 是 $\mathbf{Z}$ 的理想，并且 $(p) \subsetneqq J$，则必存在一个整数 n 满足 $n \in J$，但 $n \notin (p)$，从而 $p \nmid n$. 由 p 是素数知 $(p, n) = 1$，故存在整数 u，v，满足
$$1 = pu + nv \in J.$$
这表明 $J = \mathbf{Z}$，即 (p) 是 $\mathbf{Z}$ 的极大理想. □

由例 3.3.2 可以判定，一个环的极大理想未必是唯一的.

例 3.3.3 整数环 $\mathbf{Z}$ 中，$\{0\}$ 是素理想，但不是极大理想.

极大理想可用商环刻画.

定理 3.3.5 设 R 是有单位元的交换环，I 是 R 的理想，则 I 是 R 的极大理想当且仅当 R/I 是域.

证明：必要性. 注意到 R 有单位元、可交换，故 R/I 也是有单位元的交换环. 由于 $I \neq R$，故 $|R/I| \geq 2$，由命题 3.2.5 可知，只需证明 R/I 是一个单环即可.

设 L 是 R/I 的非零理想. 由命题 3.2.7(2) 知，存在 R 的理想 J，满足 $J \supseteq I$，且 $L = J/I$. 而 $L \neq \{0\}$，I 是 R 的极大理想，故 $J = R$. 这表明 R/I 只有平凡理想，从而是一个单环.

充分性. 假定 R/I 是域，J 是 R 的理想，且 $I \subsetneqq J$. 由命题 3.2.7(1) 知，J/I 是 R/I 的理想. R/I 是域并且 $I \neq J$，于是 $J/I = R/I$. 因此 $J = R$，即 I 是 R 的极大理想.

□

例 3.3.4 考虑整环 R 上的二元多项式环 $R[x, y]$，则 $R[x, y]/(x) \cong R[y]$，$R[x, y]/(y) \cong R[x]$（请读者自己证明），并且二者都是整环. 因此，(x) 与 (y) 都是素理想. 由于 $R[x, y]/(x)$ 及 $R[x, y]/(y)$ 不是域（想一想为什么），因此，(x) 与 (y) 都不是极大理想.

由定理 3.3.4 及定理 3.3.5 可以立即得到如下推论.

推论 3.3.2 设 R 是有单位元的交换环，则 R 的极大理想一定是素理想.

推论 3.3.2 的逆命题不成立（习题 3.3 第 2 题）. 素理想与极大理想在主理想整环中是一致的（命题 3.4.7）.

例 3.3.5 考虑偶数环 $2\mathbf{Z}$. 理想 (4) 是一个极大理想，但不是素理想，因为 $2 \cdot 2 \in (4)$，但 $2 \notin (4)$. 注意到，$2\mathbf{Z}$ 是一个没有单位元的交换环.

习 题 3.3

1. 证明定理 3.3.2.

2. 设 $\mathbf{Z} \times \mathbf{Z} = \{(a, b) \mid a, b \in \mathbf{Z}\}$，则 $(\mathbf{Z} \times \mathbf{Z}, +, \cdot)$ 构成一个环，其 $+$ 与 $\cdot$ 定义如下：对任意的 $a, b, c, d \in \mathbf{Z}$，有

$$(a, b) + (c, d) = (a + c, b + d),$$
$$(a, b) \cdot (c, d) = (ac, bd).$$

令 $I = \{(a, 0) \mid a \in \mathbf{Z}\}$. 证明：$I$ 是 $\mathbf{Z} \times \mathbf{Z}$ 的素理想，但不是极大理想.

3. 设 F 是一个数域，$p(x) \in F[x]$ 是一个不可约多项式. 证明：$(p(x))$ 是 $F[x]$ 的极大理想.

4. 设 R 是一个交换环，I 是 R 的理想，P 是 I 的素理想. 证明：P 是 R 的理想.

5. 设 R 是一个有单位元的交换环，(x) 是 $R[x]$ 的素理想. 证明：R 是一个整环.

6. 设 $f(x) = x^5 + 12x^4 + 9x^2 + 6$. 证明：$(f(x))$ 是 $\mathbf{Z}[x]$ 的极大理想.

7. (1) 写出环 $\mathbf{Z}_6$ 的所有极大理想；

   (2) 写出环 $\mathbf{Z}_8$ 的所有理想及极大理想.

8. 设 $I = \{(5m, n) \mid m, n \in \mathbf{Z}\}$. 证明：$I$ 是 $\mathbf{Z} \times \mathbf{Z}$ 的极大理想.

9. 设 R 是一个布尔环，I 是 R 的非零真理想. 证明：I 是 R 的素理想当且仅当 I 是 R 的极大理想.

3.4 素元与不可约元

本节中，如果不做特别说明，我们讨论的环都是整环.

定义 3.4.1 设 R 是整环，a，$b \in R$.

(1) 若存在 $c \in R$ 使 $a = bc$，则称 b 整除 a（b divides a），或 b 是 a 的一个因子（divisor），记为 $b \mid a$；

(2) 若 $a \mid b$ 且 $b \mid a$，则称 a 与 b 相伴（associates），记为 $a \sim b$.

如果 b 不是 a 的因子，即 b 不整除 a，记为 $b \nmid a$. 读者很容易证明，整除具有以下的性质.

命题 3.4.1 设 R 是整环，a，b，$c \in R$，则以下结论成立：

(1) 若 $a \mid b$，$b \mid c$，则有 $a \mid c$；

(2) 若 $a \mid b$，$a \mid c$，则有 $a \mid (b \pm c)$；

(3) 若 $a \mid b$，则有 $a \mid bc$；

(4) $a \mid 0$.

显然，任取 $a \in R$，都有 $1 \mid a$. 更一般地，每个单位都整除 a，因此，R 的每个元 a 都有平凡因子 ε 及 εa，其中 $\varepsilon \in U(R)$. a 的非平凡因子称为真因子（proper divisor）. 比如，± 2，± 3 是 6 在 $\mathbf{Z}$ 中的真因子，而 ± 6，± 1 是 6 的平凡因子. 易见，如果 $a \in R$ 整除一个单位，那么 a 也是一个单位. 因此，我们无须讨论零元及单位的因子. 对于 R 中非零、非单位的元素 a，若 a 无真因子，则称 a 是一个不可约元（irreducible element），否则称 a 是一个可约元（reducible element）.

命题 3.4.2 设 R 是整环，a，$b \in R$，则 a 与 b 相伴当且仅当存在 $\varepsilon \in U(R)$，使 $a = \varepsilon b$.

证明： 充分性显然，下面证明必要性. 设 a 与 b 相伴，则存在 u，$v \in R$，使 $a = ub$，$b = va$. 若 $a = 0$，则 $b = 0$，取 $\varepsilon = 1$ 即可. 若 $a \neq 0$，则 $a = uva$，从而 $a(1 - uv) = 0$，因此，$uv = 1$. 故 $u \in U(R)$，满足 $a = ub$. □

命题 3.4.2 表明，非零、非单位的元 a 是 R 的不可约元当且仅当 a 的因子只有单位以及 a 的相伴元；而如果 a 是可约元，由定义知 a 有真因子 b，设 $a = bc$，此时 c 也是 a 的真因子.

例 3.4.1 在高斯整数环中，$1 + i$ 是不可约元.

证明： 显然，$1 + i$ 是非零、非单位的元，要证 $1 + i$ 是不可约元，只需证明 $1 + i$ 无真因子. 设 $1 + i = (a + bi)(c + di)$，a，b，c，$d \in \mathbf{Z}$，则
$$2 = (a^2 + b^2)(c^2 + d^2),$$
故 $a^2 + b^2 = 1$ 或 $c^2 + d^2 = 1$. 如果 $a^2 + b^2 = 1$，那么 $a + bi$ 是单位，从而 $c + di \sim 1 + i$；同理，如果 $c^2 + d^2 = 1$，那么 $c + di$ 是单位，从而 $a + bi \sim 1 + i$. 故 $1 + i$ 只有平凡因子，是不可约元. □

命题3.4.3 设 R 是一个整环，$a, b \in R$，则以下结论成立：

(1) $a \mid b$ 当且仅当 $(b) \subseteq (a)$；

(2) $a \sim b$ 当且仅当 $(a) = (b)$；

(3) $a \in U(R)$ 当且仅当 $(a) = R$；

(4) b 为 a 的真因子当且仅当 $(a) \subsetneq (b) \subsetneq R$；

(5) a 不可约当且仅当 (a) 是非零极大主理想．

证明： (1)，(2) 显然．

(3) 成立是因为 $a \in U(R)$ 当且仅当 $a \mid 1$．

(4) 注意到，由 (3) 知 $(b) \subsetneq R$ 当且仅当 $b \notin U(R)$，故结论成立．

(5) 一方面，由 a 不可约知 a 非零非单位，故 $(a) \neq \{0\}$ 且 $(a) \neq R$．由于 a 没有真因子，故由 (4) 知 (a) 是 R 的极大主理想．另一方面，如果 (a) 是非零极大主理想，显然 $a \notin U(R)$，由 (4) 知 a 不可约． □

命题3.4.4 在整环 R 中，不可约元的相伴元也是不可约元．

证明： 设 a 是整环 R 的不可约元，b 与 a 相伴．由命题3.4.3(2)，有 $(a) = (b)$．再由命题3.4.3(5) 即得． □

下面给出素元的概念，我们将看到，在某些特殊的整环中，素元与不可约元是等价的．一般地，素元是不可约的，但反过来不成立．

定义3.4.2 设 p 是整环 R 的非零元，且 p 不是单位，称 p 是素元（prime element），如果由 $p \mid ab$ 可以得到 $p \mid a$ 或 $p \mid b$，其中 $a, b \in R$．

显然，整数环 $\mathbf{Z}$ 中的素数，以及一元多项式环 $F[x]$ 中的不可约多项式都是素元．实际上，在整环中，素元一定是不可约元．

命题3.4.5 在整环 R 中，素元一定是不可约元．

证明： 设 p 是整环 R 的素元，且 $p = ab$，$a, b \in R$．由素元的定义知 $p \mid a$ 或 $p \mid b$，不妨设 $p \mid a$，则 p 与 a 相伴．由命题3.4.2 知，存在 $\varepsilon \in U(R)$，使 $a = p\varepsilon$．故 $p = ab = p\varepsilon b$，从而 $p(1 - \varepsilon b) = 0$．而 $p \neq 0$，因此，$\varepsilon b = 1$，即 $b \in U(R)$．这表明 p 无真因子，从而是不可约元． □

下面的例子说明不可约元未必是素元．

例3.4.2 考虑整环 $\mathbf{Z}[\sqrt{-5}]$．若 $\alpha \in \mathbf{Z}[\sqrt{-5}]$，满足 $N(\alpha)$ 为9，4 或6，则 α 必是不可约元．

我们以 $N(\alpha) = 9$ 为例进行说明，其余留给读者自己证明．假设 $\alpha = \beta\gamma$，其中，$\beta = a + b\sqrt{-5}, \gamma = c + d\sqrt{-5}$，则

$$N(\alpha) = N(\beta)N(\gamma) = (a^2 + 5b^2)(c^2 + 5d^2) = 9. \tag{3.5}$$

由于 $a, b, c, d \in \mathbf{Z}$，故由式 (3.5) 可得

$$a^2 + 5b^2 = 3 \text{ 且 } c^2 + 5d^2 = 3, \tag{3.6}$$

或者

$$a^2 + 5b^2 = 1 \text{ 且 } c^2 + 5d^2 = 9, \tag{3.7}$$

或者

$$a^2 + 5b^2 = 9 \text{ 且 } c^2 + 5d^2 = 1. \tag{3.8}$$

显然，式(3.6)对任何整数都不成立. 式(3.7)表明 $a = \pm 1$，$b = 0$，因此 $\beta = \pm 1$，$\alpha = \pm \gamma$. 类似地，由式(3.8)可以得到 $\gamma = \pm 1$，$\alpha = \pm \beta$，即 α 只有平凡因子（例 3.1.8(2)，$\mathbf{Z}\left[\sqrt{-5}\right]$ 的单位为 ± 1）. 故 3 是 $\mathbf{Z}\left[\sqrt{-5}\right]$ 的不可约元. 由于 $3 \mid (2 + \sqrt{-5})(2 - \sqrt{-5})$，但 $3 \nmid 2 \pm \sqrt{-5}$，因此 3 不是素元.

下面我们进一步揭示素元与素理想、素理想与极大理想、不可约元与素元之间的关系.

命题 3.4.6 设 R 是整环，p 是 R 中非零、非单位的元，则 p 是素元当且仅当 (p) 是素理想.

证明：设 p 是素元，并且 $ab \in (p)$，a，$b \in R$，则由 $p \mid ab$ 知 $p \mid a$ 或 $p \mid b$. 从而 $a \in (p)$ 或 $b \in (p)$，即 (p) 是素理想. 反过来，如果 (p) 是素理想，那么易证 $p \mid ab$，必有 $p \mid a$ 或 $p \mid b$，即 p 是素元. □

命题 3.4.7 设 R 是主理想整环，I 是 R 的非零真理想，则 I 是素理想当且仅当 I 是极大理想.

证明：充分性. 由推论 3.3.2 可得.

必要性. 假设 I 是 R 的素理想，J 是 R 的理想，且 $I \subsetneqq J$. 设 $I = (a)$，$J = (b)$，a，$b \in R$. 下面证明 $J = R$. 由 $(a) \subseteq (b)$ 知 $b \mid a$，即存在 $c \in R$，使 $a = bc$. 由命题 3.4.6 知 a 是素元，故 $a \mid b$ 或 $a \mid c$. 若 $a \mid b$，则 a 与 b 相伴，从而 $I = J$，这与已知 $I \subsetneqq J$ 矛盾，故 $a \mid c$. 设 $c = ac_1$，$c_1 \in R$，则 $a = bac_1$. 由于 R 是整环，故 $bc_1 = 1$，从而 b 是单位，这表明 $J = R$. □

极大理想与素理想在主理想整环中的一致性，保证了不可约元与素元在主理想整环中的一致性.

命题 3.4.8 设 R 是主理想整环，p 是 R 中非零、非单位的元，则 p 是素元当且仅当 p 是不可约元.

证明：只需要证明充分性. 设 p 是 R 的不可约元，由命题 3.4.3(5) 知 (p) 是一个极大理想，从而 (p) 是素理想，由命题 3.4.6 知，p 是素元. □

由命题 3.4.6、命题 3.4.7、命题 3.4.8 可以立即得到以下推论.

推论 3.4.1 设 R 是主理想整环，(p) 是 R 的真理想，其中 $p \in R$ 是非零元，则下述命题等价：

(1) p 是素元；

(2) (p) 是素理想；

(3) p 不可约；

(4) (p) 是极大理想.

习 题 3.4

1. 写出下列元素的相伴元：

(1) $\mathbf{Z}[\mathrm{i}]$ 中 $3 - 2\mathrm{i}$ 的相伴元；

（2）$\mathbf{Z}_5$ 中 $[4]$ 的相伴元；

（3）$\mathbf{Z}[\sqrt{-5}]$ 中 $1 + \sqrt{-5}$ 的相伴元；

（4）$\mathbf{Z}_3[x]$ 中 $[2] + x$ 的相伴元；

（5）$\mathbf{Z}_7[x]$ 中 $[2] + x^2$ 的相伴元.

2. 证明：整环 R 上的相伴关系 $\sim$ 是一个等价关系. 计算 $[0]_\sim$ 及 $[u]_\sim$，其中 $u \in U(R)$.

3. 考虑整环 $\mathbf{Z}[\sqrt{-5}]$.

（1）证明：$2 + \sqrt{-5}$ 是不可约元，但不是素元.

（2）设 $\alpha \in \mathbf{Z}[\sqrt{-5}]$. 证明：当 $N(\alpha)$ 为 4 或 6 时，α 是不可约元.

4. 考虑整环 $\mathbf{Z}[\mathrm{i}]$. 证明：

（1）$2 - \mathrm{i}$，11 是不可约元.

（2）3 是素元，但 5 不是素元.

5. 判断下列说法是否正确，如果正确给出证明，否则举出反例.

（1）13 是 $\mathbf{Z}[\mathrm{i}]$ 的不可约元；

（2）$\mathbf{Z}$ 的每个素元也是 $\mathbf{Z}[\mathrm{i}]$ 的素元；

（3）在 $\mathbf{Z}[\mathrm{i}]$ 中，$a + b\mathrm{i}$ 是素元当且仅当 $a - b\mathrm{i}$ 是素元；

（4）设 p,q 是主理想整环 R 的素元，满足 $p \mid q$，则 p 与 q 相伴.

3.5 欧 氏 环

整数环 $\mathbf{Z}$ 及多项式环 $F[x]$ 都是主理想整环，它们的素元及不可约元是一致的. 事实上，它们还拥有带余除法这一共同性质，具有这一性质的环十分重要，称为欧氏环. 欧氏环的定义方式不尽相同，请读者注意区分，

定义 3.5.1 设 R 是一个整环，若存在映射 $\delta: R \setminus \{0\} \to \mathbf{N}$，满足

（1）$\forall a,b \in R \setminus \{0\}$，$\delta(a) \leqslant \delta(ab)$；

（2）$\forall a,b \in R$，$b \neq 0$，$\exists q,r \in R$，使
$$a = qb + r，其中 r = 0 或 \delta(r) < \delta(b)，$$
则称 (R,δ) 为欧氏环（Euclidean domain），δ 为欧氏函数.

例 3.5.1 （1）整数环 $(\mathbf{Z},\delta)$ 是欧氏环，其中 $\delta(a) = |a|$，$a \neq 0$，这里 $|a|$ 表示 a 的绝对值.

（2）令 $\delta(f(x)) = \deg f(x)$，其中 $0 \neq f(x) \in F[x]$，则数域 F 上的一元多项式环 $F[x]$ 是欧氏环.

（3）令 $\delta(a) = 1$，其中 $0 \neq a \in F$，则每个域 F 都是一个欧氏环. 易见，a 可以表示为 $(ab^{-1})b + 0$.

例 3.5.2 高斯整环 $\mathbf{Z}[\mathrm{i}]$ 是欧氏环.

证明： 定义 $\delta: \mathbf{Z}[\mathrm{i}] \setminus \{0\} \to \mathbf{N}$ 为 $\delta(a + b\mathrm{i}) = a^2 + b^2$. 显然，对任意的 $0 \neq \alpha \in \mathbf{Z}[\mathrm{i}]$，都有 $\delta(\alpha)$ 是非负整数. 设 $a + b\mathrm{i}, c + d\mathrm{i} \in \mathbf{Z}[\mathrm{i}]$，则

$$\delta((a+bi)(c+di)) = (ac-bd)^2 + (bc+ad)^2$$
$$= (a^2+b^2)(c^2+d^2)$$
$$= \delta(a+bi)\delta(c+di).$$

因此，$\delta(a+bi) \leqslant \delta((a+bi)(c+di))$. 下面证明对任意的 $0 \neq \beta \in \mathbf{Z}[i]$，存在 q，$\gamma \in \mathbf{Z}[i]$，满足

$$\alpha = q\beta + \gamma, \text{ 其中 } \gamma = 0 \text{ 或 } \delta(\gamma) < \delta(\beta).$$

令 $\dfrac{\alpha}{\beta} = k + li$，$k, l \in \mathbf{Q}$，取整数 u, v，使

$$|u-k| \leqslant \frac{1}{2}, \quad |v-l| \leqslant \frac{1}{2}.$$

令 $q = u+vi$，则

$$\alpha = (k+li)\beta = [u+vi+(k-u)+(l-v)i]\beta = q\beta + [(k-u)+(l-v)i]\beta.$$

令 $\gamma = [(k-u)+(l-v)i]\beta$，则 $\gamma = \alpha - q\beta \in \mathbf{Z}[i]$，并且

$$\delta(\gamma) = [(u-k)^2 + (v-l)^2]\delta(\beta) \leqslant \left(\frac{1}{4} + \frac{1}{4}\right)\delta(\beta) = \frac{1}{2}\delta(\beta) < \delta(\beta).$$

因此，$(\mathbf{Z}[i], \delta)$ 是欧氏环. $\qquad\square$

定理 3.5.1 欧氏环是主理想整环.

证明： 设 (R, δ) 是一个欧氏环，I 是 R 的任意一个非零理想. 考虑集合

$$\Gamma = \{\delta(\alpha) \mid \alpha \in I \setminus \{0\}\}.$$

由 δ 的定义知 Γ 非空，从而有一个最小元 $\delta(\tilde{\alpha})$，其中 $0 \neq \tilde{\alpha} \in I$，满足对任意的 $b \in I$，存在 $q, r \in R$，使

$$b = q\tilde{\alpha} + r, \text{ 其中 } r = 0 \text{ 或 } \delta(r) < \delta(\tilde{\alpha}).$$

由 $r = b - q\tilde{\alpha}$ 知 $r \in I$. 但 $\delta(\tilde{\alpha})$ 是 Γ 的最小元，从而只有 $r = 0$. 故 $b \in (\tilde{\alpha})$，即 $I = (\tilde{\alpha})$ 是主理想整环. $\qquad\square$

由定理 3.5.1 也可以得到，$\mathbf{Z}$，$F[x]$（F 是一个数域），$\mathbf{Z}[i]$ 都是主理想整环.

注 3.5.1 考虑环 $A = \{a+b\sqrt{-19} \mid a, b \in \mathbf{Z}, a, b \text{ 同奇同偶}\}$，则 A 是一个主理想整环，但不是欧氏环. 这个结论的证明已经超出了本书的范围，就不在这里介绍了.

习 题 3.5

1. 设 (R, δ) 是一个欧氏环.

(1) 证明：任取 $a \in R \setminus \{0\}$，都有 $\delta(a) = \delta(-a)$.

(2) 证明：任取 $a \in R \setminus \{0\}$，都有 $\delta(a) \geqslant \delta(1)$，并且等式成立当且仅当 a 是 R 的单位.

(3) 设 n 是满足 $\delta(1) + n \geqslant 0$ 的整数. 证明：$\delta_n: R \setminus \{0\} \to \mathbf{N}$，

$$\delta_n(a) = \delta(a) + n, \ a \in R \setminus \{0\}$$

是一个欧氏函数.

2. 设 n 是一个取定的正整数. 证明: 映射 δ: $\mathbf{Z} \backslash \{0\} \to \mathbf{N}$, $\delta(a) = |a|^n$, $0 \neq a \in \mathbf{Z}$ 是 $\mathbf{Z}$ 的欧氏函数.

3. 设 $\alpha = 3 + 8i$, $\beta = -2 + 3i \in \mathbf{Z}[i]$. 求 γ, $\delta \in \mathbf{Z}[i]$, 使 $\alpha = \beta\gamma + \delta$, 其中 $\delta = 0$, 或 $N(\delta) < 9$.

4. 设 f: $R \to R'$ 是环的满同态, 并且 R 是主理想整环. 证明: R' 也是主理想整环.

3.6 唯一分解整环

本节将讨论整环的分解理论. 这些结果是整数环 $\mathbf{Z}$ 及数域 F 上的多项式环 $F[x]$ 相应分解理论的推广.

定义 3.6.1 设 R 是一个整环, a 是 R 中非零、非单位的元素. 若 a 可以表示为有限多个不可约元之积, 即

$$a = p_1 p_2 \cdots p_n,$$

其中, p_1, p_2, $\cdots$, p_n 是 R 的不可约元, 则称表达式 $p_1 p_2 \cdots p_n$ 为 a 的一个不可约分解, 或简称分解 (factorization).

称整环 R 为可分解整环 (factorization domain), 如果 R 中每个非零、非单位的元都有一个分解.

引理 3.6.1 设 R 是一个整环, a 是 R 中非零、非单位的元, 并且 a 没有分解, 则对任意大于 1 的整数 n, 都存在 a 的真因子 a_1, a_2, $\cdots$, $a_n \in R$, 使 $a = a_1 a_2 \cdots a_n$.

证明: 由于 a 没有分解, 故 a 是可约元. 设 $a = a_1 b_1$, a_1, $b_1 \in R$ 是 a 的真因子. 则 a_1 与 b_1 中至少有一个元没有分解, 否则, 将 a_1 与 b_1 的分解放在一起就是 a 的分解. 假设 b_1 没有分解, 则 b_1 是非零、非单位的可约元. 因此, 存在 b_1 的真因子 a_2, $b_2 \in R$, 使 $b_1 = a_2 b_2$. 从而 $a = a_1 a_2 b_2$. 同样地, a_2 与 b_2 中至少有一个元没有分解. 假设 b_2 没有分解, 重复刚才的过程, 可以得到 a 的真因子 a_1, a_2, $\cdots$, $a_n \in R$, 使 $a = a_1 a_2 \cdots a_n$. □

定理 3.6.1 设 R 是一个整环, 带有映射 δ: $R \backslash \{0\} \to \mathbf{N}$, 满足对任意的 a, $b \in R \backslash \{0\}$, 都有 $\delta(ab) \geqslant \delta(b)$, 并且等号成立当且仅当 a 是一个单位, 则 R 是一个可分解整环.

证明: 假设 R 中存在一个非零、非单位的元 a 是不可分解的. 令 $\delta(a) = n$. 由引理 3.6.1, a 可以表示为 $n+2$ 个真因子 a_1, a_2, $\cdots$, $a_{n+2} \in R$ 之积, 即 $a = a_1 a_2 \cdots a_{n+2}$. 而且,

$$\begin{aligned}
n &= \delta(a) \\
&> \delta(a_2 a_3 \cdots a_{n+2}) \text{(因为 } a_1 \text{ 不是单位元)} \\
&> \delta(a_3 a_4 \cdots a_{n+2}) \\
&\cdots \\
&> \delta(a_{n+1} a_{n+2}) \\
&> \delta(a_{n+2}).
\end{aligned}$$

这表明至少有 $n+1$ 个互不相同的非负整数严格地小于 n, 矛盾. 因此, R 是一个可分解整环. $\qquad\square$

例 3.6.1 考虑整环 $\mathbf{Z}[i]$. 由例 3.5.2 知, 映射 $\delta: \mathbf{Z}[i] \setminus \{0\} \to \mathbf{N}$, $\delta(\alpha) = N(\alpha)$, 满足 $\delta(\alpha\beta) \geqslant \delta(\beta)$, $\alpha, \beta \in \mathbf{Z}[i] \setminus \{0\}$, 并且等号成立当且仅当 $N(\alpha) = 1$, 即 α 为单位. 故 $\mathbf{Z}[i]$ 是可分解整环.

称整环 R 满足主理想升链条件 (ascending chain condition for principal ideals), 如果对 R 的任意主理想升链

$$(a_1) \subseteq (a_2) \subseteq (a_3) \subseteq \cdots,$$

都存在某个正整数 n, 使 $(a_n) = (a_k)$, 其中 $k \geqslant n$ 是任意的正整数.

引理 3.6.2 每个主理想整环 R 都满足主理想升链条件.

证明: 设 $(a_1) \subseteq (a_2) \subseteq (a_3) \subseteq \cdots$ 是 R 的一个主理想升链. 容易证明, $I = \bigcup_{i=1}^{\infty} (a_i)$ 是 R 的理想. 由于 R 是主理想整环, 存在 $c \in R$, 使 $I = (c)$, 故存在正整数 n, 使 $c \in (a_n)$. 从而 $I \subseteq (a_n) \subseteq I$, 即 $I = (a_n)$. 而对任意的 $k \geqslant n$, 都有 $(a_k) \subseteq I = (a_n) \subseteq (a_k)$, 即 $(a_k) = (a_n)$. $\qquad\square$

定理 3.6.2 满足主理想升链条件的整环 R 是可分解整环.

证明: 假设 R 不是可分解整环, 则 R 中存在一个非零、非单位的不可分解元 a. a 一定是可约元, 因此存在 a 的真因子 $a_1, b_1 \in R$, 使 $a = a_1 b_1$, 且由引理 3.6.1 的证明过程知, a_1 与 b_1 中至少有一个元是不可分解的. 不妨设 a_1 不可分解, 由于 a 与 a_1 不相伴, 因此有 $(a) \subsetneqq (a_1)$. 由于 a_1 不可分解, $a_1 = a_2 b_2$, 其中 $a_2, b_2 \in R$ 是 a_1 的真因子, 且 a_2 与 b_2 中至少有一个元是不可分解的. 不妨设 a_2 不可分解, 于是有 $(a) \subsetneqq (a_1) \subsetneqq (a_2)$. 重复上面的证明过程, 将得到一个 R 的主理想的 (无限) 严格升链, 这与已知条件 R 满足主理想升链条件矛盾, 因此 R 是可分解整环. $\qquad\square$

由引理 3.6.2 与定理 3.6.2, 可立即得到以下推论.

推论 3.6.1 每个主理想整环都是可分解整环.

定义 3.6.2 称一个整环 R 是唯一分解整环 (unique factorization domain), 如果 R 满足以下条件:

(1) R 中每个非零、非单位的元 a 都可以表示为有限多个不可约元之积, 即

$$a = p_1 p_2 \cdots p_n,$$

其中, $p_1, p_2, \cdots, p_n$ 是 R 的不可约元;

(2) 若 $a = p_1 p_2 \cdots p_n = q_1 q_2 \cdots q_m$ 是 a 的两个分解, 则有 $m = n$, 且适当调整顺序后有 p_i 与 q_i 相伴, $i = 1, 2, \cdots, n$.

此时, 也称 a 在 R 中有唯一分解.

由定义 3.6.2 知, 整环 R 是唯一分解整环当且仅当 R 是一个可分解环, 并且 R 中每个非零、非单位的元都有唯一分解 (不计单位因子及因子的排列次序). 由于域中没有非零、非单位的元, 因此每个域都是唯一分解整环. 我们熟悉的整数环 $\mathbf{Z}$ 及数域 F 上的多项式环 $F[x]$ 都是唯一分解整环.

例 3.6.2 $\mathbf{Z}[\sqrt{-5}]$ 是可分解整环, 但不是唯一分解整环.

证明: 定义 $\delta: \mathbf{Z}[\sqrt{-5}] \setminus \{0\} \to \mathbf{N}$, $\delta(\alpha) = N(\alpha)$, $\alpha \in \mathbf{Z}[\sqrt{-5}]$. 与例 3.6.1 类

似，可以证明 δ 满足定理 3.6.1 的条件，从而 $\mathbf{Z}[\sqrt{-5}]$ 是可分解整环.

由于 $U(\mathbf{Z}[\sqrt{-5}]) = \{\pm 1\}$，且由例 3.4.2 知 $\mathbf{Z}[\sqrt{-5}]$ 中满足 $N(\alpha) = 4$，9，6 的元 α 必是不可约元. 因此，2，3，$1 + \sqrt{-5}$，$1 - \sqrt{-5}$ 都是不可约元. 而

$$6 = 2 \cdot 3 = (1 + \sqrt{-5}) \cdot (1 - \sqrt{-5}),$$

并且 2，3 与 $1 + \sqrt{-5}$，$1 - \sqrt{-5}$ 不相伴，故 6 在 $\mathbf{Z}[\sqrt{-5}]$ 中没有唯一分解，从而 $\mathbf{Z}[\sqrt{-5}]$ 不是唯一分解整环.　　□

在唯一分解整环中，素元与不可约元是一致的.

命题 3.6.1　设 R 是唯一分解整环，p 是 R 中非零、非单位的元. 则 p 是素元当且仅当 p 是不可约元.

证明： 必要性由命题 3.4.5 可得，下面证明充分性.

设 $p \in R$ 不可约，且 $p \mid ab$，a，$b \in R$，则存在 $c \in R$，使 $ab = pc$. 如果 $a = 0$，显然有 $p \mid a$. 若 a 是单位，则有 $p \mid b$. 以下设 a，b 是非零、非单位的元. 因为 p 不可约，所以 c 也是非零、非单位的元，于是可设

$$a = p_1 p_2 \cdots p_s,\ b = q_1 q_2 \cdots q_t,\ c = l_1 l_2 \cdots l_r$$

分别是 a，b，c 的不可约分解，从而

$$p_1 p_2 \cdots p_s q_1 q_2 \cdots q_t = p l_1 l_2 \cdots l_r.$$

由 R 中元素分解的唯一性知 p 与某个 p_i 或 q_j 相伴，即 $p \mid p_i$ 或 $p \mid q_j$，因此 $p \mid a$ 或 $p \mid b$.　　□

定理 3.6.3　可分解整环 R 是唯一分解整环当且仅当 R 中每个不可约元都是素元.

证明： 必要性由命题 3.6.1 可得，下面证明充分性.

假设可分解整环 R 中的每个不可约元都是素元. 设 $a = p_1 p_2 \cdots p_n = q_1 q_2 \cdots q_m$ 是 a 的两个不可约分解，则 $q_1 \mid p_1 p_2 \cdots p_n$. 由于 q_1 也是素元，因此 p_1，p_2，$\cdots$，p_n 中至少有一个元可以被 q_1 整除. 不妨设 $q_1 \mid p_1$. 由于 p_1 与 q_1 都是不可约元，故 $p_1 = \varepsilon_1 q_1$，$\varepsilon_1 \in U(R)$，从而 $\varepsilon_1 q_1 p_2 \cdots p_n = q_1 q_2 \cdots q_m$. 注意到 $q_1 \neq 0$，故 $\varepsilon_1 q_2 p_3 \cdots p_n = q_2 q_3 \cdots q_m$. 由 q_2 是素元，且 $q_2 \nmid \varepsilon_1$ 知，q_2 整除 p_2，p_3，$\cdots$，p_n 中的某个元，不妨设 $q_2 \mid p_2$. 类似上面证明可得 $p_2 = \varepsilon_2 q_2$，$\varepsilon_2 \in U(R)$，且 $\varepsilon_1 \varepsilon_2 p_3 p_4 \cdots p_n = q_3 q_4 \cdots q_m$. 如果 $n > m$，重复如上的证明过程，可以得到 $\varepsilon_1 \varepsilon_2 \cdots \varepsilon_m p_{m+1} p_{m+2} \cdots p_n = 1$，表明 p_{m+1}，p_{m+2}，$\cdots$，p_n 都是单位，矛盾. 同理，如果 $m > n$，那么 q_{n+1}，q_{n+2}，$\cdots$，q_m 也都是单位，矛盾. 因此，$n = m$. 我们同时也证明了 p_i 与 $q_i (i = 1, 2, \cdots, n)$ 都是相伴的. 从而 R 是唯一分解整环.　　□

主理想整环是一类重要的唯一分解整环.

定理 3.6.4　主理想整环是唯一分解整环.

证明： 由推论 3.6.1 知，每个主理想整环都是可分解整环. 由命题 3.4.8 知，在主理想整环中，每个不可约元都是素元. 因此，定理 3.6.3 保证了主理想整环是唯一分解整环.　　□

综上，欧氏环是主理想整环，主理想整环是唯一分解环；但反之都不成立. 比

如，$\mathbf{Z}[x]$ 是唯一分解整环，但不是主理想整环；$A = \{a + b\sqrt{-19} \mid a,b \in \mathbf{Z}, a,b$ 同奇同偶$\}$ 是主理想整环，但不是欧氏环.

唯一分解整环的另一个重要性质就是最大公因子的存在.

定义 3.6.3　设 R 是整环，$a_1,a_2,\cdots,a_n \in R$. 若 $d \in R$ 满足 $d \mid a_i$，$\forall i = 1,2,\cdots,n$，则称 d 是 $a_1,a_2,\cdots,a_n$ 的一个公因子（common divisor）.

设 $a_i, i = 1,2,\cdots,n$ 不全为零. 称 $d \in R$ 是 $a_1,a_2,\cdots,a_n$ 的一个最大公因子（greatest common divisor），如果

（1）d 是 $a_1,a_2,\cdots,a_n$ 的公因子；

（2）对 $a_1,a_2,\cdots,a_n$ 的任意公因子 c，都有 $c \mid d$.

如果 $a_1 = a_2 = \cdots = a_n = 0$，则称 0 是 $a_1,a_2,\cdots,a_n$ 的最大公因子.

注 3.6.1　（1）最大公因子未必唯一（例 3.6.3）. 事实上，最大公因子有可能不存在（例 3.6.4）.

（2）若最大公因子存在，则在相伴意义下唯一. 即：设 d 为 a_1, a_2, $\cdots$, a_n 的最大公因子，那么 c 为 a_1, a_2, $\cdots$, a_n 的最大公因子当且仅当 c 与 d 相伴.

（3）当 a_1, a_2, $\cdots$, a_n 的最大公因子存在时，用 $(a_1, a_2, \cdots, a_n)$ 表示一个最大公因子. 若 $(a_1, a_2, \cdots, a_n)$ 为单位，则称 a_1, a_2, $\cdots$, a_n 互素（relative prime）.

例 3.6.3　设 F 是一个域，则 F 中任意两个非零元都相互整除，因此，每个非零元都是任意一对元素的最大公因子.

例 3.6.4　令 $R = Z[\sqrt{-5}]$（见例 3.1.8，3.4.2）. 在 R 中，$6 = 2 \times 3 = (1 + \sqrt{-5})(1 - \sqrt{-5})$ 以及 $r = 2 \times (1 + \sqrt{-5})$ 都是不可约分解. 容易看出，2 和 $1 + \sqrt{-5}$ 都是 6 与 r 的公因式. 请读者证明：6 与 r 没有最大公因式.

在唯一分解整环中，每一对不全为零的元素都有最大公因子.

定理 3.6.5　设 R 是唯一分解整环，a, $b \in R$ 不全为零，则 a, b 的最大公因子存在.

证明： 若 a, b 中有一个为零，比如 a 为零，则 b 是 a, b 的一个最大公因子. 若 a, b 中有一个为单位，则 1 是 a, b 的一个最大公因子. 下面设 a, b 是非零、非单位的元，且

$$a = \varepsilon p_1^{r_1} \cdots p_t^{r_t}, \ b = \varepsilon' p_1^{s_1} \cdots p_t^{s_t},$$

其中，ε, ε' 是单位，p_1, p_2, $\cdots$, p_t 是互不相伴的不可约元，r_i, $s_i \in \mathbf{N}$, $t \in \mathbf{N}^*$, $i = 1$, 2, $\cdots$, t. 令 $n_i = \min \{r_i, s_i\}$, $d = p_1^{n_1} p_2^{n_2} \cdots p_t^{n_t}$. 显然 d 是 a, b 的公因子. 若 $c \mid a$, 并且 $c \mid b$, 则必有 $c = \varepsilon_0 p_1^{k_1} p_2^{k_2} \cdots p_t^{k_t}$, 其中 ε_0 是单位, $k_i \leqslant n_i$, 从而 $c \mid d$. 这表明 $d = (a, b)$.　□

习　题　3.6

1. 设整环 R 满足主理想的升链条件. 证明：$R[x]$ 也满足主理想的升链条件.

2. 设 $\alpha = a + b\sqrt{-5}$, $\alpha \in \mathbf{Z}\left[\sqrt{-5}\right]$. 证明：若 $N(\alpha)$ 为 4 或 6，则 α 必是不可约元.

3. 证明：$\mathbf{Z}\left[\sqrt{10}\right] = \left\{a + b\sqrt{10} \mid a, b \in \mathbf{Z}\right\}$ 是可分解整环.

4. 证明：$\mathbf{Z}\left[\sqrt{-6}\right]$, $\mathbf{Z}\left[\sqrt{7}\right]$, $\mathbf{Z}\left[\sqrt{10}\right]$ 是可分解整环，但不是唯一分解整环.

5. 设 $R = \left\{a_0 + a_1 x + \cdots + a_n x^n \in \mathbf{Q}\left[x\right] \mid a_0 \in \mathbf{Z}, n \in \mathbf{N}\right\}$. 证明：$R$ 不是唯一分解整环.

6. 设 R 是主理想整环，$a, b, d \in R$. 证明：

（1）$d = (a, b)$ 当且仅当 $(d) = (a) + (b)$；

（2）$d = (a, b)$ 当且仅当 $\exists u, v \in R$, $ua + vb = d$；

（3）$(a, b) = 1$ 当且仅当 $\exists u, v \in R$, $au + bv = 1$.

7. 设 R 是唯一分解整环，$p, a, b \in R$. 证明以下结论成立：

（1）若 $p \mid ab$，且 $(p, b) = 1$，则有 $p \mid c$.

（2）若 $p \mid b$，$a \mid b$，且 $(p, a) = 1$，则有 $pa \mid b$.

8. 设 R 是一个唯一分解整环. 证明：$R\left[x\right]$ 也是唯一分解整环.

9. 设 F 是一个域. 证明：$F\left[x\right]$ 是一个欧氏环，从而也是唯一分解整环.

3.7 专题：环的嵌入

在研究环的性质时，可以把已知环作为某些具有更多性质的环的子环来考虑. 本节的主要目的是把一个环嵌入一个恰当的、具有更多性质的环. 没有单位元的环缺少重要的算术性质，比如，一个简单的例子是，在偶数环 $2\mathbf{Z}$ 中，没法考量 2 整除 2，因为 $1 \notin 2\mathbf{Z}$. 而 $2\mathbf{Z}$ 是 $\mathbf{Z}$ 的子环，$1 \in \mathbf{Z}$. 在 $\mathbf{Z}$ 中，$2 \mid 2$ 成立. 本节将得到，每一个整环都可以嵌入一个域. 这个结论的证明验证了整数到有理数的严格构造.

若 $\iota: R \to S$ 是一个单的环同态，则称 ι 是一个（环的）嵌入（embedding），也称环 R 可以嵌入环 S. 比如偶数环 $2\mathbf{Z}$ 可以嵌入整数环 $\mathbf{Z}$，因为 $2\mathbf{Z}$ 上的恒等映射 $\mathrm{id}_{2\mathbf{Z}}$ 是 $2\mathbf{Z}$ 到 $\mathbf{Z}$ 的一个嵌入. 显然，如果存在一个 S 的子环 T，使 $R \cong T$，那么 R 就可以嵌入 S. 下面的定理表明，每一个环都可以嵌入一个有单位元的环.

定理 3.7.1 任意环 R 都可以嵌入一个有单位元的环 S，使 R 是 S 的一个理想. 此外，如果 R 是交换环，S 也是交换环.

证明： 令 $S = R \times \mathbf{Z}$. 在 S 上定义 $+$ 与 $\cdot$ 如下：任取 $a, b \in R$, $m, n \in \mathbf{Z}$,

$$(a, m) + (b, n) = (a + b, m + n),$$
$$(a, m) \cdot (b, n) = (ab + na + mb, mn).$$

则 $(S, +, \cdot)$ 构成一个环. 我们留给读者自己证明这个结论（习题 3.7 第 1 题）. 注意到，$(0, 0)$ 与 $(0, 1)$ 分别是 S 的零元及单位元.

考察 S 的子集 $R \times \{0\}$. 显然，$R \times \{0\}$ 非空，因为 $(0, 0) \in R \times \{0\}$. 任取 $(a, 0), (b, 0) \in R \times \{0\}$, $(a, 0) - (b, 0) = (a - b, 0) \in R \times \{0\}$, $(a, 0) \cdot (b, 0) = (ab, 0) \in R \times \{0\}$, 故 $R \times \{0\}$ 是 S 的子环. 任取 $(r, n) \in S$, $(a, 0) \cdot (r, n) = (ar + na, 0) \in R \times \{0\}$, $(r, n) \cdot (a, 0) = (ra + na, 0) \in R \times \{0\}$, 从而 $R \times$

$\{0\}$ 是 S 的理想.

定义映射 $f: R \to R \times \{0\}$ 为 $f(a) = (a, 0)$，$a \in R$. 显然，f 是一个同构，从而 $R \cong R \times \{0\}$. 因此，R 可以嵌入 S. 将 $a \in R$ 与 $(a, 0) \in R \times \{0\}$ 等同看待，我们可以将 R 看作 S 的理想.

最后来说明，如果 R 是可交换的，那么 S 也是可交换的. 设 (a, m)，(b, n) $\in S$，则

$$(a, m) \cdot (b, n) = (ab + na + mb, mn) = (ba + mb + na, nm) = (b, n) \cdot (a, m).$$

因此，S 也是可交换的. □

本节主要讨论将一个环嵌入一个域中. 定理 3.7.1 表明，每个环 R 都可以嵌入一个有单位元的环 S 中. 如果 S 是域，那么 S 可交换并且无零因子，从而 R 也满足交换律并且无零因子. 因此，要将一个环 R 嵌入一个域 S 中，R 至少满足两个条件，即 R 可交换并无零因子. 下面的定理就证明了一个无零因子的交换环可以嵌入整环中. 之后，我们再将整环嵌入域中.

定理 3.7.2 设 R 是一个无零因子的交换环，则 R 可以嵌入到一个整环.

证明： 由 R 构造与定理 3.7.1 一致的环 S，则 R 在 S 中的零化子 $\text{ann}R$ 是 S 的理想（习题 3.2 第 2 题）. 记 $I = \text{ann}R$. 设 $a + I$，$b + I \in S/I$，$(a + I)(b + I) = 0 + I$，则 $ab \in I$. 从而 $\forall r \in R$，$abr = 0$. 如果 $a + I \neq 0 + I$，即 $a \notin I$，那么存在 $r_0 \in R$，使 $ar_0 \neq 0$. 由 R 是 S 的理想知，$ar_0 \in R$，$br \in R$. 而 $(ar_0)(br) = abr_0r = 0$. 由于 $ar_0 \neq 0$，且 R 无零因子，因此有 $br = 0$. 这表明 $b \in I$，从而 $b + I = 0 + I$. 故 S/I 是一个整环.

令 $a \in R \cap I$，则 $ar = 0$，$\forall r \in R$. 由于 R 无零因子，因此有 $a = 0$. 故 $R \cap I = \{0\}$. 易证，映射 $\pi: R \to S/I$，$\pi(r) = r + I$，$r \in R$ 是一个嵌入. □

下面进一步证明，每个整环都可以嵌入域. 这个证明过程也是一个由已知整环构造域的过程，与整数构造有理数的方法类似. 我们可以将每个整数 n 看作 $\frac{n}{1}$，但并非每个有理分数都是以 1 作为分母的，因此我们考虑笛卡尔积 $\mathbf{Z} \times \mathbf{Z}$，其中每个有序对的第一个分量看作分子，第二个分量看作分母. 然而，序对 $(1, 2)$ 与 $(2, 4)$ 在 $\mathbf{Z} \times \mathbf{Z}$ 中不同，却代表了同一个分数. 一个常用的手段是将这些元素放入同一个等价类，从而它们就是"相同"的元素了. 下面的证明就用了这个思想. 同样需要注意的是，零元不能作为分母.

引理 3.7.1 设 R 是一个整环，$S = R \setminus \{0\}$. 在 $R \times S$ 上定义关系 $\sim$：
$$(a, b) \sim (c, d) \text{ 当且仅当 } ad = bc,$$
其中 a，$c \in R$，b，$d \in S$，则 $\sim$ 是一个等价关系.

证明： 由定义易证，$\sim$ 是自反和对称的. 假设在 $R \times S$ 上有 $(a, b) \sim (c, d)$，$(c, d) \sim (e, f)$，那么 $ad = bc$，并且 $cf = de$. 从而 $adf = bcf$，并且 $bcf = bde$，因此，$adf = bde$. 由于 $d \in S$ 非零，消去 d 可以得到 $af = be$. 故 $(a, b) \sim (e, f)$. 因此，$\sim$ 满足传递性. □

在引理 3.7.1 中，等价关系 $\sim$ 将 $R \times S$ 进行了分类. 记等价类 $\{(c, d) \in R \times S \mid (c, d) \sim (a, b)\}$ 为 $\frac{a}{b}$. 令

$$F = \left\{ \frac{a}{b} \,\middle|\, (a, b) \in R \times S \right\}. \tag{3.9}$$

在 F 上定义 $+$ 与 $\cdot$ 如下：

$$\frac{a}{b} + \frac{c}{d} = \frac{ad + bc}{bd}, \quad \frac{a}{b} \cdot \frac{c}{d} = \frac{ac}{bd}, \tag{3.10}$$

则 F 是一个域.

引理 3.7.2 设 R 是一个整环. 由式 (3.9) 构建的 F 关于式 (3.10) 定义的 $+$ 与 $\cdot$ 构成一个域.

证明： 先证明 $+$ 是良好定义的. 设 $\dfrac{a}{b}, \dfrac{c}{d}, \dfrac{a'}{b'}, \dfrac{c'}{d'} \in F$, 满足 $\dfrac{a}{b} = \dfrac{a'}{b'}, \dfrac{c}{d} = \dfrac{c'}{d'}$, 则 $ab' = ba', cd' = dc'$, 因此, $ab'dd' = ba'dd'$, 且 $cd'bb' = dc'bb'$. 故

$$ab'dd' + cd'bb' = ba'dd' + dc'bb'.$$

从而,

$$(ad + bc)b'd' = bd(a'd' + b'c').$$

这表明

$$(ad + bc, bd) \sim (a'd' + b'c', b'd'),$$

因此,

$$\frac{ad + bc}{bd} = \frac{a'd' + b'c'}{b'd'}.$$

可以类似证明 $\cdot$ 是良好定义的. 读者可以自己证明：F 的零元是 $\dfrac{0}{b}$, 单位元是 $\dfrac{b}{b}$, $b \neq 0$. 元素 $\dfrac{a}{b} \in F$ 的负元是 $\dfrac{a}{-b}$, 当 $a \neq 0$ 时, $\dfrac{a}{b}$ 的逆元是 $\dfrac{b}{a}$. 此外, $(F, +)$ 构成一个加群, $(F, \cdot)$ 构成一个乘法交换群, 并且 F 满足分配率, 从而 $(F, +, \cdot)$ 是一个域. $\quad\square$

定理 3.7.3 每一个整环 R 都可以嵌入一个域.

证明： 按照式 (3.9), 用 R 构建 F. 由引理 3.7.2 知, F 关于式 (3.10) 定义的 $+$ 与 $\cdot$ 构成一个域. 定义 $f: R \to F$ 为 $f(a) = \dfrac{a}{1}$, $a \in R$. 任取 $a, b \in R$, 由

$$f(a) = f(b) \Leftrightarrow \frac{a}{1} = \frac{b}{1}$$
$$\Leftrightarrow (a, 1) \sim (b, 1)$$
$$\Leftrightarrow a \cdot 1 = b \cdot 1$$
$$\Leftrightarrow a = b$$

知, f 是一个单射. 另外,

$$f(a + b) = \frac{a + b}{1} = \frac{a \cdot 1 + 1 \cdot b}{1 \cdot 1} = \frac{a}{1} + \frac{b}{1} = f(a) + f(b),$$

且

$$f(ab) = \frac{ab}{1} = \frac{ab}{1 \cdot 1} = \frac{a}{1} \cdot \frac{b}{1} = f(a) \cdot f(b),$$

故 f 是一个环同态, 从而是一个嵌入. □

定义 3.7.1 设 R 是一个整环. 称域 F 是 R 的商域 (quotient field of R), 如果存在 F 的子环 $\tilde{R}$, 使

(1) $R \cong \tilde{R}$;

(2) 任取 $x \in F$, 存在 $a, b \in \tilde{R}$, $b \neq 0$, 满足 $x = ab^{-1}$.

事实上, 给定一个整环 R, 定理 3.7.3 中构建的域就是 R 的商域. 设 $x \in F$, 则 $x = \frac{a}{b}$, $(a, b) \in R \times S$. 而 $(a, 1), (b, 1) \in R \times S$, 因此, $\frac{a}{1}, \frac{b}{1} \in \tilde{R}$, 并且

$$\frac{a}{b} = \frac{a}{1} \cdot \frac{1}{b} = \frac{a}{1} \cdot \left(\frac{b}{1}\right)^{-1}.$$

因此, F 就是 R 的商域.

定理 3.7.4 设 R 是一个整环, F 是 R 的商域. 设 $\tilde{R}$ 是一个包含在域 $\tilde{K}$ 中的整环. 令

$$\tilde{F} = \{\tilde{a}\tilde{b}^{-1} \mid \tilde{a}, \tilde{b} \in \tilde{R}, \tilde{b} \neq 0\},$$

则 $\tilde{F}$ 是 $\tilde{K}$ 中包含 $\tilde{R}$ 的最小子域, 并且每一个 R 到 $\tilde{R}$ 的同构都可以唯一地扩张成 F 到 $\tilde{F}$ 的同构.

证明: 我们给出证明思路, 请读者自己详细证明. 由习题 3.7 第 4 题知 $\tilde{F}$ 是 $\tilde{K}$ 中包含 $\tilde{R}$ 的最小子域, 故只需证明每一个同构 $f: R \to \tilde{R}$ 可以唯一地扩张成 F 到 $\tilde{F}$ 的同构. 设 $\frac{a}{b} \in F$, $f(a) = \tilde{a}$, $f(b) = \tilde{b}$. 定义 $\tilde{f}: F \to \tilde{F}$ 为

$$\tilde{f}\left(\frac{a}{b}\right) = \tilde{a}\tilde{b}^{-1} = f(a)f(b)^{-1},$$

则 $\tilde{f}|_R = f$ 是一个 F 到 $\tilde{F}$ 的同构, 并且满足如上条件的 $\tilde{f}$ 是唯一的. □

定理 3.7.4 表明一个整环 R 的商域 F 是包含 R 的最小的域, 即不存在域 F_1, 满足 $R \subsetneq F_1 \subsetneq F$. 因此, 对于 F 中的元, 我们不区分 $\frac{a}{b}$ 与 ab^{-1} 的符号标识.

习　题　3.7

1. 证明: 定理 3.7.1 中的 S 做成一个环.

2. 证明: 引理 3.7.2 中, F 满足加法及乘法的结合律、交换律及分配律.

3. 设 $R = \{\frac{a}{b} \in \mathbf{Q} \mid 5 \nmid b\}$. 证明: R 是 $\mathbf{Q}$ 中有单位元的子环. 写出 R 的商域.

4. 设 R 是一个整环, 并且是域 F 的一个子环. 令

$$\tilde{F} = \{ab^{-1} \mid a, b \in R, b \neq 0\}.$$

证明: $\tilde{F}$ 是 F 中包含 R 的最小的子域.

5. 写出整环 $\mathbf{Z}[\sqrt{2}]$ 及 $\mathbf{Z}[\mathrm{i}]$ 的商域.

6. 设 R 是一个特征为 $n(n>0)$ 的环，

$$R \times \mathbf{Z}_n = \{(a, [k]) \mid a \in R, [k] \in \mathbf{Z}_n\}.$$

在 $R \times \mathbf{Z}_n$ 上定义 $+$ 与 $\cdot$：任取 $a, b \in R$，$[k], [h] \in \mathbf{Z}_n$，

$$(a, [k]) + (b, [h]) = (a + b, [k + h]),$$
$$(a, [k]) \cdot (b, [h]) = (ab, [kh]).$$

证明：

(1) $(R \times \mathbf{Z}_n, +, \cdot)$ 构成一个有单位元的环；

(2) $R \times \mathbf{Z}_n$ 的特征为 n；

(3) 存在一个从 R 到 $R \times \mathbf{Z}_n$ 的单态.

7. 证明：同构的整环具有同构的商域.

第 4 章　域　　论

本章将讨论一类特殊的环：域. 域的结论广泛应用于数论和方程理论，尤其是多项式根的理论. 域的重要性是由 Abel 与 Galois 在研究方程的根式表示时首先发现的，然而域的正式定义却是在 70 多年之后才出现的. 1910 年，Steinitz 首次给出了域的抽象定义.

与群论和环论中研究子系统（子群、子环）的思路不同，在域的讨论中，我们通常讨论一个域的扩域. 扩域的作用体现在，子域中的某些数学问题不能解决或不能简单地解决，但可以在扩域中得到较容易的解决.

比如，我们在研究实数域 $\mathbf{R}$ 上的不可约多项式时，若 $\mathbf{R}$ 上的二次多项式 $f(x)$ 有一个非实复根 α，则它的共轭 $\bar{\alpha}$ 也是 $f(x)$ 的一个根，从而 $f(x) = c(x - \alpha)$ $(x - \bar{\alpha})$，$c \in \mathbf{R}$ 是 $\mathbf{R}$ 上的二次不可约多项式. 这里，我们就借助了扩域的研究手法，将 $f(x)$ 放到实数域的扩域复数域中进行考察. 如果不在复数域中考察，将难以证明实数域上不可约多项式只有一次及二次不可约多项式.

4.1　域上的多项式

在介绍域的扩张理论之前，我们首先将数域上的多项式环的理论推广到一般的域上. 这些结论的证明与数域上的证明方法类似，我们只列出主要结果，证明留给读者.

设 F 是一个域，$F[x]$ 是 F 上的多项式环，则 $F[x]$ 是一个整环，F 是它的一个真子环.

定义 4.1.1　设 $f(x)$ 是 $F[x]$ 中次数不小于 1 的多项式. 若由
$$f(x) = g(x)h(x), \quad g(x), \ h(x) \in F[x]$$
可以得到 $g(x) \in F$ 或 $h(x) \in F$，则称 $f(x)$ 是 F 上的不可约多项式（irreducible polynomial），简称 $f(x)$ 不可约；否则称 $f(x)$ 是 F 上的可约多项式（reducible polynomial），简称 $f(x)$ 可约.

显然，多项式的可约性与它的系数所在的域有密切关系，比如 $x^2 + 1$ 是 $\mathbf{R}$ 上的不可约多项式，却是 $\mathbf{C}$ 上的可约多项式.

命题 4.1.1　在 $F[x]$ 中，以下结论成立：

（1）（带余除法）若 $f(x) \in F[x]$，$0 \neq g(x) \in F[x]$，则存在唯一的 $q(x), r(x) \in F[x]$，使
$$f(x) = g(x)q(x) + r(x),$$
其中 $r(x) = 0$ 或 $\deg r(x) < \deg g(x)$；

（2）$F[x]$ 是主理想整环；

(3) $F[x]$ 是唯一分解整环;

(4) $F[x]$ 的单位是 F 的所有非零元;

(5) $p(x) \in F[x]$ 不可约当且仅当 $F[x]/(p(x))$ 是一个域.

设 E, F 是域,并且 $F \subseteq E$, $f(x) = a_0 + a_1 x + \cdots + a_n x^n \in F[x]$, $n \geq 1$. 设 $\alpha \in E$, 记 $f(\alpha) = a_0 + a_1 \alpha + \cdots + a_n \alpha^n$. 若 $f(\alpha) = 0$, 则称 α 为 $f(x)$ 在 E 中的一个根 (root). 可以证明(习题 4.1 第 2 题),映射 $\varphi_\alpha: F[x] \to F[\alpha]$, $f(x) \mapsto f(\alpha)$ 是一个环同态. 因此,对任意 $f(x)$, $g(x)$, $q(x)$, $r(x) \in F[x]$ 和 $\alpha \in E$, 若有 $f(x) = g(x)q(x) + r(x)$, 则 $f(\alpha) = g(\alpha)q(\alpha) + r(\alpha)$.

命题 4.1.2 设 $f(x)$ 是 $F[x]$ 上次数大于 1 的多项式. 若 $f(x)$ 在 F 中有根,则 $f(x)$ 是 F 上的可约多项式.

证明: 设 $\alpha \in F$ 是 $f(x)$ 的一个根,则 $f(\alpha) = 0$. 由命题 4.1.2(1),可设
$$f(x) = (x - \alpha)q(x) + r,$$
其中 $r \in F$. 令上式中 $x = \alpha$, 可得 $f(\alpha) = r$, 从而 $r = 0$. 因此,$f(x) = (x - \alpha)q(x)$. 由于 $\deg f(x) > 1$, 故有 $q(x) \notin F$, 从而 $f(x)$ 是 F 上的可约多项式. □

命题 4.1.2 的逆命题对于次数为 2 或 3 的多项式成立.

命题 4.1.3 设 $f(x)$ 是 $F[x]$ 上次数为 2 或 3 的多项式,则 $f(x)$ 是 F 上的可约多项式当且仅当 $f(x)$ 在 F 上有根.

证明: 如果 $f(x)$ 在 F 上有根,由命题 4.1.2 知,$f(x)$ 在 F 上可约. 现假设 $f(x)$ 在 F 上可约. 令 $f(x) = f_1(x)f_2(x)$, 其中 $f_1(x)$, $f_2(x)$ 是 F 上次数大于 0 且小于 3 的多项式. 这表明 $f_1(x)$ 与 $f_2(x)$ 中必有一个为 1 次多项式. 不妨设 $f_1(x)$ 的次数为 1, 即设 $f_1(x) = ax + b$, $a, b \in F$, 且 $a \neq 0$, 则 $f_1(-ba^{-1}) = 0$, 从而 $f(-ba^{-1}) = 0$, 故 $-ba^{-1}$ 是 $f(x)$ 在 F 上的一个根. □

习 题 4.1

1. 证明命题 4.1.1.

2. 设 F 是一个域. 证明:映射 $\varphi_\alpha: F[x] \to F[\alpha]$, $f(x) \mapsto f(\alpha)$ 是一个环同态.

3. 证明:$x^4 + 8$ 是 $\mathbf{Q}$ 上的不可约多项式.

4. 证明:$x^3 + ax^2 + bx + 1$ 是 $\mathbf{Z}$ 上的可约多项式当且仅当 $a = b$ 或 $a + b = -2$.

5. 证明:$x^3 + 3x + 2$ 是域 $\mathbf{Z}_7$ 上的不可约多项式.

6. 判断下列多项式是否在 $\mathbf{Q}$ 上不可约.

(1) $x^3 - 5x + 10$;

(2) $x^4 - 3x^2 + 9$;

(3) $2x^5 - 5x^4 + 5$.

4.2 域 的 扩 张

设 K 是域 F 的非空子集,若 K 关于 F 的运算也构成域,则称 K 为 F 的子域

（subfield）. 此时，F 称为 K 的扩域或扩张（extension）. 例如，**R** 是 **Q** 的扩张，**C** 是 **R** 的扩张. 读者可以很容易证明以下关于子域的判定条件.

命题 4.2.1　设 K 是域 F 的子集，且 $|K| \geq 2$，则 K 是 F 的子域当且仅当对任意的 a，$b \in K$，$c \in K \setminus \{0\}$，都有 $a - b \in K$，$ac^{-1} \in K$.

域 F 的任意多个子域的交仍是 F 的子域（习题 4.2 第 4 题）. 因此，域 F 包含一个没有真子域的子域，即 F 所有子域的交.

定义 4.2.1　称域 F 是一个素域（prime field），如果 F 没有真子域.

请读者自己证明以下命题.

命题 4.2.2　设 F 是一个域，K 是 F 的子域. 则 K 是 F 的素子域当且仅当 K 是 F 所有子域的交.

例 4.2.1　有理数域 **Q** 及剩余类环 $\mathbf{Z}_p$（p 为素数）是素域.

证明： 假设 **Q** 不是素域. 设 K 是 **Q** 的真子域，则 $|K| \geq 2$. 故存在一个非零元 $a \in K$，从而 $a^{-1}a = 1 \in K$. 因此，$\mathbf{Z} \subseteq K$，进而 $\mathbf{Q} \subseteq K$. 这与假设 $K \subsetneqq \mathbf{Q}$ 矛盾. 同样可以证明 $\mathbf{Z}_p$（p 为素数）也是素域（习题 4.2 第 2 题）. $\square$

我们知道，一个域的特征要么为 0，要么为某个素数 p. 下面证明，以域的特征划分，素域分为两类.

定理 4.2.1　设 F 是一个素域，p 是素数，则以下结论成立：

（1）如果 $\mathrm{ch}(F) = 0$，那么 $F \cong \mathbf{Q}$；

（2）如果 $\mathrm{ch}(F) = p$，那么 $F \cong \mathbf{Z}_p$.

证明： 令 $f: \mathbf{Z} \to F, f(n) = n1$，其中 $n \in \mathbf{Z}$，1 是 F 的单位元，则 f 是一个环同态，于是由环的同态基本定理得 $\mathbf{Z}/\mathrm{Ker}f \cong f(\mathbf{Z})$.

（1）若 $\mathrm{ch}(F) = 0$，则 $\mathrm{Ker}f = \{0\}$，因此 f 是单射. 定义映射 $\tilde{f}: \mathbf{Q} \to F$ 为 $\tilde{f}\left(\dfrac{a}{b}\right) = f(a)f(b)^{-1}$，$a$，$b \in \mathbf{Q}$. 不难证明 $\tilde{f}$ 是一个单同态（习题 4.2 第 3 题），因此 $\tilde{f}(\mathbf{Q})$ 是 F 的非零子域. 又因为 F 是素域，所以 $\tilde{f}(\mathbf{Q}) = F$，故 $F \cong \mathbf{Q}$.

（2）若 $\mathrm{ch}(F) = p$，则 $\mathrm{Ker}f = (p)$. 于是 $\mathbf{Z}/\mathrm{Ker}f = \mathbf{Z}_p$ 是一个域，故 $f(\mathbf{Z})$ 是 F 的子域. 又因为 F 是素域，所以 $f(\mathbf{Z}) = F$，故 $F \cong \mathbf{Z}_p$. $\square$

命题 4.2.2 表明，每一个域都有素子域. 于是，由定理 4.2.5，我们立即有如下推论.

推论 4.2.1　设 F 是一个域，p 是素数.

（1）若 $\mathrm{ch}(F) = 0$，则 F 包含一个与 **Q** 同构的子域；

（2）若 $\mathrm{ch}(F) = p$，则 F 包含一个与 $\mathbf{Z}_p$ 同构的子域.

如果 E 是 F 的扩张，那么对于 E 的加法和 $F \times E$ 到 E 的乘法来说，E 构成 F 上的向量空间. 于是，我们可以用向量空间的维数来定义域的扩张次数.

定义 4.2.2　设 E 是 F 的扩张，则 E 作为 F 上的向量空间，其维数称为 E 在 F 上的次数（degree），记作 $[E: F]$.

注 4.2.1　设 E 是 F 的扩张.

（1）$[E: F] \geq 1$，并且 $[E: F] = 1$ 当且仅当 $E = F$.

（2）若 $[E:F]<\infty$，则称 E 为 F 的有限扩张（finite extension），否则称 E 为 F 的无限扩张（infinite extension）.

例 4.2.2 域 $\mathbf{Q}[\sqrt{2}]=\{a+b\sqrt{2}\mid a,\,b\in\mathbf{Q}\}$ 作为 $\mathbf{Q}$ 上的向量空间，维数为 2. 因为 $\{1,\,\sqrt{2}\}$ 是 $\mathbf{Q}[\sqrt{2}]$ 作为 $\mathbf{Q}$ 上向量空间的一个基，所以 $[\mathbf{Q}[\sqrt{2}]:\mathbf{Q}]=2$.

定理 4.2.2（维数公式） 设 E 是 F 的扩张，L 是 E 的扩张，则 $[L:F]<\infty$ 当且仅当 $[L:E]<\infty$ 且 $[E:F]<\infty$. 另外，当 $[L:F]<\infty$ 时，有
$$[L:F]=[L:E][E:F].$$

证明： 设 $[L:F]<\infty$. 由于 E 与 L 都是 F 上的向量空间，并且 E 是 L 的子空间，故 $[E:F]\leqslant[L:F]<\infty$. 又因为 L 上的一组 E - 线性无关元必是 F - 线性无关的，所以 $[L:E]\leqslant[L:F]<\infty$.

设 $[L:E]<\infty$，$[E:F]<\infty$，$\alpha_1,\,\alpha_2,\,\cdots,\,\alpha_n$ 是 L 的 E - 基，$\beta_1,\,\beta_2,\,\cdots,\,\beta_m$ 是 E 的 F - 基. 下面证明向量组 $\alpha_i\beta_j$，$i=1,\,2,\,\cdots,\,n$，$j=1,\,2,\,\cdots,\,m$ 是 L 的 F - 基. 任取 $\gamma\in L$，设
$$\gamma=\sum_{i=1}^{n}a_i\alpha_i,\ a_i\in E.$$
对任意的 $i\in\{1,\,2,\,\cdots,\,n\}$，设
$$a_i=\sum_{j=1}^{m}a_{ij}\beta_j,\ a_{ij}\in F,$$
则有
$$\gamma=\sum_{i=1}^{n}\sum_{j=1}^{m}a_{ij}\alpha_i\beta_j.$$
最后，我们来证明向量组 $\alpha_i\beta_j(1\leqslant i\leqslant n,\ 1\leqslant j\leqslant m)$ 是 F - 线性无关的. 令
$$\sum_{i=1}^{n}\sum_{j=1}^{m}b_{ij}\alpha_i\beta_j=0,\ b_{ij}\in F.$$
对每一个 $i\in\{1,\,2,\,\cdots,\,n\}$，$\sum_{j=1}^{m}b_{ij}\beta_j\in E$. 由于 $\alpha_1,\,\alpha_2,\,\cdots,\,\alpha_n$ 是 L 的 E - 基，故由
$$\sum_{i=1}^{n}\left(\sum_{j=1}^{m}b_{ij}\beta_j\right)\alpha_i=0$$
可以得到 $\sum_{j=1}^{m}b_{ij}\beta_j=0$. 而 $\beta_1,\,\beta_2,\,\cdots,\,\beta_m$ 是 E 的 F - 基，因此 $b_{ij}=0$，$j=1,\,2,\,\cdots,\,m$. 由此，证明了 $\alpha_i\beta_j$，$1\leqslant i\leqslant n,\ 1\leqslant j\leqslant m$ 是 L 的 F - 基，从而
$$[L:F]=mn=[E:F][L:E].$$
定理得证. □

下面推广域扩张的概念. 与环的嵌入类似，如果 $\sigma:F\to E$ 是一个单的域同态，则称 σ 是 F 到 E 的一个（域）嵌入（embedding）. 我们将看到，两个域之间只要存在一个嵌入，在同构意义下，就可以得到一个域的扩张. 为此，我们先证明一个引理.

引理 4.2.1 设 F 是一个域，σ 是 F 到集合 S 的双射，那么可以在 S 上定义适当的加法与乘法运算，使 S 构成一个域，并且 σ 是一个域同构.

证明： 在 S 上定义加法与乘法如下：对任意的 $\sigma(a)$，$\sigma(b)\in S$，
$$\sigma(a)+\sigma(b)=\sigma(c),\ \text{其中}\ a+b=c\in F,$$

$$\sigma(a)\sigma(b) = \sigma(d),\text{ 其中 } ab = d \in F.$$

容易证明，S 在上述加法和乘法下构成一个域，且 σ 为域同构. □

定理 4.2.3　设 E,F 是域，$\sigma: F \to E$ 是一个嵌入，则存在一个域 K，使 F 是 K 的子域，并且 σ 可以扩张成 $K \to E$ 的域同构.

证明： 设 S 是一个基数与 $E - \sigma(F)$ [$\sigma(F)$ 在 E 中的补集] 相同的集合，并且 与 F 不相交. 令 f 是 S 到 $E - \sigma(F)$ 的双射，记 $K = F \cup S$. 我们可以将嵌入 $\sigma: F \to E$ 扩张为映射 $\tilde{\sigma}: K \to E$，其中

$$\tilde{\sigma}(a) = \begin{cases} \sigma(a), & a \in F, \\ f(a), & a \in S. \end{cases}$$

显然，$\tilde{\sigma}$ 是良好定义的双射，因此 $\tilde{\sigma}^{-1}$ 存在，且也是双射. 由引理 4.2.1，可以在 K 上定义域结构：设 $x,y \in K$，

$$x + y = \tilde{\sigma}^{-1}(\tilde{\sigma}(x) + \tilde{\sigma}(y)),$$
$$xy = \tilde{\sigma}^{-1}(\tilde{\sigma}(x)\tilde{\sigma}(y)).$$

易见，如上定义的加法与乘法运算限制在 F 上时与 F 中的加法与乘法运算相同，因 此 F 构成 K 的子域. □

定理 4.2.3 可以做如下解释：若 $\sigma: F \to E$ 是一个域嵌入，则 $\sigma: F \to \sigma(F)$ 是 一个同构，我们可以把 F 与 $\sigma(F)$ 等同起来，从而 E 就是 F 的一个扩张. 因此，只 要存在一个 F 到 E 的域嵌入，就称 E 是 F 的一个扩张.

定理 4.2.4　设 F 是一个域，$p(x)$ 是 $F[x]$ 上的不可约多项式，则存在 F 的一 个扩张 E，使 $p(x)$ 在 E 上有根.

证明： 由于 $p(x)$ 是 $F[x]$ 上的不可约多项式，故 $(p(x))$ 是 $F[x]$ 的极大理想， 从而 $E = F[x]/(p(x))$ 是一个域. 那么，映射 $\iota: F \to E, \iota(a) = a + (p(x)), a \in F$ 是 F 到 E 的一个嵌入. 因此，E 是 F 的一个扩张，我们可以把 $a \in F$ 与它在 E 中所 在的类 $[a] = a + (p(x))$ 等同看待. 令

$$p(x) = a_0 + a_1 x + \cdots + a_n x^n,$$

其中 $a_0, a_1, \cdots, a_n \in F$. 注意到，在 E 中有 $[p(x)] = 0$，即

$$[a_0 + a_1 x + \cdots + a_n x^n] = [a_0] + [a_1][x] + \cdots + [a_n][x]^n = 0,$$

其中 $[x] = x + (p(x)) \in E$. 由于 a 与 $[a]$ 被等同看待，我们有

$$a_0 + a_1[x] + \cdots + a_n[x]^n = 0.$$

这表明 $[x] \in E$ 是 $p(x) \in F[x]$ 的一个根. □

由定理 4.2.4，立即可以得到以下定理.

定理 4.2.5（Kronecker 定理）　设 F 是一个域，$f(x) \in F[x]$ 是一个次数大于零 的多项式，则存在 F 的一个扩张 E，使 $f(x)$ 在 E 上有根.

证明： 由命题 4.1.1(3) 知 $F[x]$ 是唯一分解整环，故 $f(x)$ 可以表示为 $F[x]$ 中若干不可约多项式 $f_1(x), f_2(x), \cdots, f_n(x)$ 的积. 易见，任意 $f_i(x), i = 1, 2, \cdots, n,$ 的根都是 $f(x)$ 的根. 由定理 4.1.4 知，存在 F 的一个扩张 E，使 $f_1(x)$ 在 E 中有根，从而 $f(x)$ 在 E 中有根. □

定义 4.2.3　设 E 为域 F 的一个扩张，S 是 E 的非空子集. E 的包含 $F \cup S$ 的最

小子域，称为 F 上由 S 生成的子域（subfield generated by S over F），或添加集合 S 到 F 所得的扩域，记为 $F(S)$.

上述定义中的"最小"是指若 K 是 F 的扩张，并且 $F \cup S \subseteq K$，则有 $F(S) \subseteq K$. $F(S)$ 的存在性是容易看出的，因为 E 的确有包含 $F \cup S$ 的子域，例如 E 本身．而 E 的所有包含 $F \cup S$ 的子域的交集显然是 E 的包含 $F \cup S$ 的最小子域．若 $S = \{a_1, a_2, \cdots, a_n\}$ 是一个有限集，则记 $F(S) = F(a_1, a_2, \cdots, a_n)$. 特别地，若 $S = \{a\}$，则称 $F(a)$ 为 F 的单扩张或单扩域（simple extension）.

例如，复数域 $\mathbf{C}$ 是包含实数域 $\mathbf{R}$ 和 i 的最小域，即 $\mathbf{C} = \mathbf{R}(\mathrm{i})$，故 $\mathbf{C}$ 是 $\mathbf{R}$ 的单扩域．域 $\mathbf{Q}[\sqrt{2}] = \{a + b\sqrt{2} \mid a, b \in \mathbf{Q}\}$ 是把 $\sqrt{2}$ 添加到 $\mathbf{Q}$ 上所得到的 $\mathbf{Q}$ 的单扩域．

由域的扩张的定义，我们立即得到下面的命题，其证明留给读者（习题 4.2 第 6 题）.

命题 4.2.3 （1） $F(S) = F$ 当且仅当 $S \subseteq F$.

（2）若 $S_1, S_2 \subseteq E$，则 $F(S_1 \cup S_2) = F(S_1)(S_2)$. 特别地，
$$F(a_1, a_2, \cdots, a_n) = F(a_1)(a_2) \cdots (a_n).$$

记 $F[S]$ 为 E 中包含 $S \cup F$ 的最小子环．由于 E 中包含 $S \cup F$ 的子域一定包含 $F[S]$，故 $F(S)$ 是包含 $F[S]$ 的所有子域的交．由于 $F[S]$ 是域的子环，因此 $F[S]$ 是一个整环，由定理 3.7.4 可得
$$F(S) = \{ab^{-1} \mid a, b \in F[S], b \neq 0\}.$$
因此，$F(S)$ 是 $F[S]$ 的商域．特别地，对于单扩张的情形，即 $S = \{a\}$，我们有
$$F[a] = \{f(a) \mid f(x) \in F[x]\},$$
从而有
$$F(a) = \{ab^{-1} \mid a, b \in F[a], b \neq 0\}$$
$$= \{f(a)g(a)^{-1} \mid f(x), g(x) \in F[x], g(a) \neq 0\} \tag{4.1}$$

习 题 4.2

1. 证明命题 4.2.1.

2. 证明：$\mathbf{Z}_p$ 是素域，其中 p 为素数．

3. 证明：定理 4.2.1 中的 $\bar{f}$ 是一个单的环同态．

4. 设 F 是域，$F_i (i \in I)$ 是 F 的子域．证明：$\bigcap_{i \in I} F_i$ 也是 F 的子域．

5. 证明命题 4.2.2.

6. 证明命题 4.2.3.

7. 设 E 为 F 的扩域．证明：$[E : F] \geq 1$，并且 $[E : F] = 1$ 当且仅当 $E = F$.

8. 设 E 是 F 的扩域，$a \in E$. 令
$$\Gamma = \{f(a)g(a)^{-1} \mid f(x), g(x) \in F[x], g(a) \neq 0\}.$$
证明：Γ 是一个域．

9. 证明：$\mathbf{Q}(\sqrt{2}, \sqrt{3}) = \mathbf{Q}(\sqrt{2} + \sqrt{3})$.

10. 求 $\left[\mathbf{Q}(\sqrt{2}, \sqrt{3}):\mathbf{Q}\right]$.

4.3　代 数 扩 张

代数扩张是一类重要的域扩张. 代数扩张在处理尺规作图等问题上有重要的应用.

定义 4.3.1　设 E 是 F 的扩张, $\alpha \in E$. 若存在不全为零的 a_0, a_1, $\cdots$, $a_n \in F$, $n \geqslant 1$, 使 $a_0 + a_1 \alpha + \cdots + a_n \alpha^n = 0$, 则称 α 是 F 上的代数元（algebraic element）, 否则称 α 是 F 上的超越元（transcendental element）.

显然, $\alpha \in E$ 是 F 的代数元当且仅当 α 是 F 上某个非零多项式的根.

例 4.3.1　(1) $\sqrt{2} \in \mathbf{R}$ 是 $\mathbf{Q}$ 上的代数元, 因为 $\sqrt{2}$ 是 $x^2 - 2 \in \mathbf{Q}[x]$ 的根. $\mathrm{i} \in \mathbf{C}$ 是 $\mathbf{Q}$ 上的代数元, 因为 i 是 $x^2 + 1 \in \mathbf{Q}[x]$ 的根. 因为 $x^2 + 1 \in \mathbf{R}[x]$, 所以 i 也是 $\mathbf{R}$ 上的代数元.

(2) 圆周率 π 与自然对数的底数 e 是 $\mathbf{Q}$ 上的超越元. 这两个结果的证明超出了本书的范围.

(3) π 是 $\mathbf{R}$ 上的代数元, 因为 π 是 $x - \pi \in \mathbf{R}[x]$ 的根.

(4) 实数 $\sqrt{1 + \sqrt{3}}$ 是 $\mathbf{Q}$ 上的代数元. 事实上, 令 $\alpha = \sqrt{1 + \sqrt{3}}$, 则 $\alpha^2 = 1 + \sqrt{3}$, 因此 $(\alpha^2 - 1)^2 = 3$. 也就是说 $\alpha^4 - 2\alpha^2 - 2 = 0$, 即 α 是 $x^4 - 2x^2 - 2 \in \mathbf{Q}[x]$ 的根.

我们将下列命题留给读者自己证明.

命题 4.3.1　设 F 是域, 则

(1) α 为 F 上的代数元当且仅当存在 $n \geqslant 1$, 使 1, α, α^2, $\cdots$, α^n 是 F-线性相关的;

(2) α 为 F 上的超越元当且仅当对任意的 $n \geqslant 1$, 都有 1, α, α^2, $\cdots$, α^n 是 F-线性无关的.

例 4.3.2　设 F 是一个域, 则多项式环 $F[x]$ 的商域 $F(x)$ 是 F 的一个扩域. 而 $x \in F(x)$ 是 F 上的超越元, 因为在 $F(x)$ 中, $a_0 + a_1 x + \cdots + a_n x^n = 0$ 当且仅当 $a_0 = a_1 = \cdots = a_n = 0$.

如果 E 是 F 的扩张, $\alpha \in E$ 为 F 上的代数元, 那么 $F[x]$ 上一定存在非零多项式以 α 为根, 在这些多项式中, 次数最低的多项式具有如下性质.

命题 4.3.2　设 E 是 F 的扩张, $\alpha \in E$ 为 F 上的代数元, $m(x) \in F[x]$ 是满足 $m(\alpha) = 0$ 的次数最低的多项式, 则

(1) $m(x)$ 是 $F[x]$ 的不可约多项式;

(2) 对任意 $f(x) \in F[x]$, $f(\alpha) = 0$ 当且仅当 $m(x) \mid f(x)$;

(3) 满足命题条件的首一多项式 $m(x)$ 是唯一的.

证明: (1) 若 $m(x)$ 在 $F[x]$ 上可约, 则存在 $m_1(x)$, $m_2(x) \in F[x]$, 且 $\deg m_1(x) < \deg m(x)$, $\deg m_2(x) < \deg m(x)$, 使 $m(x) = m_1(x) m_2(x)$. 由于

$$0 = m(\alpha) = m_1(\alpha) m_2(\alpha),$$

且 $F[\alpha]$ 是整环, 因此 $m_1(\alpha) = 0$ 或 $m_2(\alpha) = 0$. 这与 $m(x)$ 是满足 $m(\alpha) = 0$ 的次数最低的多项式矛盾.

(2) 由多项式的带余除法, 设

$$f(x) = m(x)q(x) + r(x),$$

其中 $r(x) = 0$, 或者 $\deg r(x) < \deg m(x)$. 显然 $f(\alpha) = 0$ 当且仅当 $r(\alpha) = 0$. 若 $r(x) \neq 0$, 则 $r(x)$ 是使 $r(\alpha) = 0$ 且次数比 $m(x)$ 低的多项式, 这与已知条件矛盾. 因此有 $r(x) = 0$, 从而 $m(x) \mid f(x)$.

(3) 设 $m(x), s(x) \in F[x]$ 是满足命题条件的首一多项式, 则 $m(x) \mid s(x)$, 并且 $\deg m(x) = \deg s(x)$. 因此有 $s(x) = cm(x)$, $c \in F$. 而 $m(x)$ 和 $s(x)$ 都是首一的, 故 $m(x) = s(x)$. □

定义 4.3.2 设 E 是 F 的扩张, $\alpha \in E$ 为 F 上的代数元. 称 $F[x]$ 中使 $f(\alpha) = 0$ 的次数最低的首一多项式为 α 在 F 上的极小多项式 (minimal polynomial).

例 4.3.3 在例 4.3.1(1) 中, $x^2 - 2$ 是 $\sqrt{2}$ 在 $\mathbf{Q}$ 上的极小多项式, $x^2 + 1$ 是 i 在 $\mathbf{R}$ 上的极小多项式.

定理 4.3.1 设 E 是 F 的扩张, $\alpha \in E$, 则以下结论成立:

(1) 如果 α 是 F 上的超越元, 那么 $F(\alpha) \cong F(x)$, 其中 $F(x)$ 是多项式环 $F[x]$ 的商域;

(2) 如果 α 是 F 上的代数元, 那么 $F[\alpha] \cong F[x]/(m(x))$, 其中 $m(x)$ 是 α 在 F 上的极小多项式.

证明: 定义映射 $\sigma: F[x] \to F[\alpha]$ 为 $\sigma(f(x)) = f(\alpha)$, $f(x) \in F[x]$, 则 σ 是一个满的环同态. 因此, 由环的同态基本定理可得环同构 $F[x]/\mathrm{Ker}\sigma \cong F[\alpha]$.

(1) 我们知道, $f(x) \in \mathrm{Ker}\sigma$ 当且仅当 $f(\alpha) = 0$, 即当且仅当 α 是 $f(x)$ 的一个根. 从而, $\mathrm{Ker}\sigma = \{0\}$ 当且仅当 α 是 F 上的超越元. 因此, 如果 α 是 F 上的超越元, 那么 $F[x] \cong F[\alpha]$. 由习题 3.7 第 7 题可以得到域同构: $F(x) \cong F(\alpha)$.

(2) 设 α 是 F 上的代数元. 由于 $F[x]$ 是主理想整环, 存在 $f(x) \in F[x]$, 使 $\mathrm{Ker}\sigma = (f(x))$. 因此, $\sigma(f(x)) = f(\alpha) = 0$, 即 α 是 $f(x)$ 的一个根. 于是, 由命题 4.3.2 得, $m(x) \mid f(x)$. 这表明 $f(x) \in (m(x))$, 进而 $\mathrm{Ker}\sigma = (f(x)) \subseteq (m(x))$. 而 $m(\alpha) = 0$, 显然有 $m(x) \in \mathrm{Ker}\sigma$. 故 $\mathrm{Ker}\sigma = (m(x))$. □

设 E 是域 F 的扩域. 若 E 中每个元都是 F 上的代数元, 则 E 称为 F 上的代数扩张 (algebraic extension), 否则称为超越扩张 (transcendental extension).

若 α 是 F 上的代数元, 则 $F(\alpha)$ 称为单代数扩张, 否则称为单超越扩张. 单代数扩张具有如下性质.

定理 4.3.2 设 E 是 F 的扩张, $\alpha \in E$ 是 F 上的代数元, 并且 α 在 F 上的极小多项式 $m(x)$ 的次数为 n, 则以下结论成立:

(1) $F(\alpha) = F[\alpha]$;

(2) $1, \alpha, \cdots, \alpha^{n-1}$ 是 $F(\alpha)$ 在 F 上的一个基;

(3) $[F(\alpha): F] = n$.

证明: (1) 我们需要证明 $F(\alpha) \subseteq F[\alpha]$. 由式 (4.1) 可知, 只需证明 $g(\alpha)^{-1} \in$

$F[\alpha]$，其中 $g(x) \in F[x]$ 满足 $g(\alpha) \neq 0$.

由于 $g(\alpha) \neq 0$，由命题 4.3.2 知 $m(x) \nmid g(x)$，而 $m(x)$ 是不可约多项式，故 $m(x)$ 与 $g(x)$ 互素. 从而，由习题 3.6-6 知，存在 $u(x)$，$v(x) \in F[x]$，使
$$1 = m(x)u(x) + g(x)v(x).$$
故 $v(\alpha)g(\alpha) = 1$，因此 $g(\alpha)^{-1} = v(\alpha) \in F[\alpha]$.

（2）设 $\beta \in F(\alpha) = F[\alpha]$，则存在 $f(x) \in F[x]$，使 $\beta = f(\alpha)$. 令
$$f(x) = q(x)m(x) + r(x),$$
并设
$$r(x) = a_0 + a_1 x + \cdots + a_{n-1} x^{n-1},$$
其中 $a_i \in F$，$i = 0, 1, \cdots, n-1$. 由 $m(\alpha) = 0$ 知，
$$\beta = f(\alpha) = r(\alpha) = a_0 + a_1 \alpha + \cdots + a_{n-1} \alpha^{n-1},$$
从而 β 可以由 1，α，$\cdots$，α^{n-1} 线性表示.

若 1，α，$\cdots$，α^{n-1} 是 F-线性相关的，则存在不全为零的 b_0，b_1，$\cdots$，$b_{n-1} \in F$，使
$$b_0 + b_1 \alpha + \cdots + b_{n-1} \alpha^{n-1} = 0.$$
令 $g(x) = b_0 + b_1 x + \cdots + b_{n-1} x^{n-1}$，则 $g(x) \neq 0$，且 $g(\alpha) = 0$，故 $m(x) \mid g(x)$，进而 $\deg g(x) \geq \deg m(x) = n$，这与 $\deg g(x) \leq n-1$ 相矛盾. 因此，1，α，$\cdots$，α^{n-1} 是 F-线性无关的，从而是 $F[\alpha]$ 在 F 上的一个基.

（3）由（2）可得.　　　　　□

推论 4.3.1　设 E 是 F 的扩张，$\alpha \in E$，则 $F(\alpha) = F[\alpha]$ 当且仅当 α 是 F 上的代数元.

证明：充分性由定理 4.3.2 可得，下面证明必要性. 假设 $F(\alpha) = F[\alpha]$. 如果 $\alpha = 0$，显然 α 是多项式 $x \in F[x]$ 的根. 下面设 $\alpha \neq 0$，则 $\alpha^{-1} \in F(\alpha) = F[\alpha]$. 令 $\alpha^{-1} = a_0 + a_1 \alpha + \cdots + a_n \alpha^n$，其中 a_0，a_1，$\cdots$，$a_n \in F$. 上式两端同时乘以 α 再移项可得 $-1 + a_0 \alpha + a_1 \alpha^2 + \cdots + a_n \alpha^{n+1} = 0$，这表明 α 是 F 上的代数元.　　　□

由于 $F[\alpha] \subseteq F(\alpha)$ 总成立，由推论 4.3.1 可知 α 是 F 上超越元的等价刻画.

推论 4.3.2　设 E 是 F 的扩张，$\alpha \in E$，则 $F[\alpha] \subsetneqq F(\alpha)$ 当且仅当 α 是 F 上的超越元.

例 4.3.4　（1）由于 $x^2 - 2$ 是 $\sqrt{2}$ 在 $\mathbf{Q}$ 上的极小多项式，故 $[\mathbf{Q}[\sqrt{2}]:\mathbf{Q}] = 2$，并且 1，$\sqrt{2}$ 是 $\mathbf{Q}[\sqrt{2}]$ 的一个 $\mathbf{Q}$-基. 从而 $\mathbf{Q}[\sqrt{2}] = \{a + b\sqrt{2} \mid a, b \in \mathbf{Q}\}$.

（2）由于 $x^2 + 1$ 是 i 在 $\mathbf{R}$ 上的极小多项式，故 $[\mathbf{R}(i):\mathbf{R}] = 2$，而且 1，i 是 $\mathbf{R}(i)$ 的 $\mathbf{R}$-基. 从而 $\mathbf{R}(i) = \{a + bi \mid a, b \in \mathbf{R}\}$. 由此可以得到 $\mathbf{R}(i)$ 就是复数域 $\mathbf{C}$.

对于一般的有限扩张，我们可以得到以下的基本结论.

定理 4.3.3　若 E 是 F 的有限扩张，则 E 必是 F 的代数扩张.

证明：设 $[E:F] = n \geq 1$，$\alpha \in E$，则 $n+1$ 个元 1，α，$\cdots$，α^n 是 F-相关的，从而存在不全为零的 a_0，a_1，$\cdots$，$a_n \in F$，使 $a_0 + a_1 \alpha + \cdots + a_n \alpha^n = 0$，故 α 是 F 上的

代数元. □

推论4.3.3 设 $F(\alpha)$ 是 F 的扩张，则 $[F(\alpha):F]<\infty$ 当且仅当 α 是 F 的代数元.

证明： 必要性由定理4.3.3可得，充分性由定理4.3.2可得. □

例4.3.5 设 $\alpha,\beta\in E$ 是 F 的代数元，则 $\alpha\pm\beta$，$\alpha\beta$，$\alpha\beta^{-1}$ $(\beta\neq0)$ 都是 F 上的代数元.

证明： 因为 β 是 F 的代数元，所以 β 也是 $F(\alpha)$ 的代数元，从而 $[F(\alpha,\beta):F(\alpha)]=[F(\alpha)(\beta):F(\alpha)]<\infty$. 于是，由维数公式及 α 是 F 的代数元，可知

$$[F(\alpha,\beta):F]=[F(\alpha,\beta):F(\alpha)][F(\alpha):F]<\infty.$$

再由定理4.3.3可得 $F(\alpha,\beta)$ 是 F 的代数扩张. 故 $F(\alpha,\beta)$ 中的元 $\alpha\pm\beta$，$\alpha\beta$，$\alpha\beta^{-1}$ $(\beta\neq0)$ 都是 F 上的代数元. □

例4.3.5表明 $\widetilde{F}=\{\alpha\in E\mid\alpha$ 是 F 的代数元$\}$ 构成 E 的一个子域. 特别地，$\widetilde{Q}=\{\alpha\in\mathbf{R}\mid\alpha$ 是 $\mathbf{Q}$ 的代数元$\}$ 构成 $\mathbf{R}$ 的一个子域，它是 $\mathbf{Q}$ 的一个代数扩域. 由习题4.3第6题知这是一个无限扩域. 这表明定理4.3.3的逆命题不成立.

定理4.3.4 设 $E=F(\alpha_1,\alpha_2,\cdots,\alpha_r)$，其中 $\alpha_1,\alpha_2,\cdots,\alpha_r\in E$ 是 F 上的代数元，则 E 是 F 的代数扩张.

证明： 令 $E_0=F$，$E_i=F(\alpha_1,\alpha_2,\cdots,\alpha_i)$，$i=1,2,\cdots,r$. 注意到，若 $\beta\in E$ 是 F 的代数元，则 β 一定也是域 K 的代数元，其中 $F\subseteq K\subseteq E$. 因此，每个 α_i 都是 E_{i-1} 的代数元. 由推论4.3.3知 $[E_i:E_{i-1}]=[E_{i-1}(\alpha_i):E_{i-1}]<\infty$. 由维数公式可得

$$[E:F]=[E:E_{r-1}][E_{r-1}:E_{r-2}]\cdots[E_1:E_0]<\infty,$$

故 E 是 F 的有限扩张. 从而由定理4.3.3知，E 是 F 的代数扩张. □

由定理4.3.4可立即得：代数扩张的代数扩张仍为代数扩张.

定理4.3.5 设 $F\subseteq E\subseteq L$，其中，E 是 F 的代数扩张，L 是 E 的代数扩张，则 L 是 F 的代数扩张.

证明： 任取 $\alpha\in L$，由 α 是 E 的代数元知，存在 $f(x)=a_0+a_1x+\cdots+a_nx^n\in E[x]$，使 $f(\alpha)=0$. 故 $f(x)\in F(a_0,a_1,\cdots,a_n)[x]$，从而 α 也是域 $F(a_0,a_1,\cdots,a_n)$ 上的代数元. 又 $a_0,a_1,\cdots,a_n\in E$ 是 F 的代数元，容易证明 $[F(a_0,a_1,\cdots,a_n):F]<\infty$（习题4.3第5题）. 故

$$[F(\alpha):F]\leqslant[F(a_0,a_1,\cdots,a_n)(\alpha):F]$$
$$=[F(a_0,a_1,\cdots,a_n)(\alpha):F(a_0,a_1,\cdots,a_n)][F(a_0,a_1,\cdots,a_n):F]$$
$$<\infty.$$

因此，由推论4.3.3知，α 是 F 的代数元. □

习　题　4.3

1. 证明命题4.3.1.

2. 设 E 是域 F 的扩张，$\alpha\in E$. 证明：α 是 F 上的代数元当且仅当 α 是某个首一

的不可约多项式 $p(x) \in F[x]$ 的根, 并且 $p(x)$ 是唯一的.

3. 求 $\sqrt[3]{5}+1+\sqrt[3]{25}$ 在 $\mathbf{Q}(\sqrt[3]{5})$ 中的逆元.

4. 设 E 是域 F 的有限扩张. 证明: 存在 E 中的有限多个元 a_1, a_2, $\cdots$, a_n, $n \in \mathbf{N}$, 使 $E = F(a_1, a_2, \cdots, a_n)$.

5. 设 a_1, a_2, $\cdots$, a_n 是域 F 上的代数元, $n \in \mathbf{N}$. 证明: $[F(a_1, a_2, \cdots, a_n) : F] < \infty$.

6. 证明: 包含有理数域和所有素数平方根的实数域的最小子域 $\mathbf{Q}(\sqrt{2}, \sqrt{3}, \cdots, \sqrt{p}, \cdots)$ 是 $\mathbf{Q}$ 的代数扩张且是无限扩域.

4.4 尺规作图问题

域论为许多古代著名的几何问题提供了解决方法. 比如, 古希腊著名的尺规作图三大难题 (这里的尺规指的是没有刻度的直尺和圆规):

(1) 化圆为方问题. 用尺规作一个正方形, 使它的面积等于任意给的定圆的面积.

(2) 立方倍积问题. 用尺规作一个立方体, 使它的体积等于任意给定的立方体的体积的 2 倍.

(3) 三等分角问题. 用尺规三等分任意给定的角.

本节将用域论的知识证明上述三个问题是不可解的, 这三个问题最终都归结为用尺规构作出某个实数.

我们首先明确什么是尺规作图. 在欧几里得平面上任给一个点集 S, $|S| \geqslant 2$, 我们只允许用无刻度的直尺和圆规作以下图形:

(1) 过 S 中的任意两点作直线;

(2) 以 S 中任意一点为圆心, S 中任意两点间的距离为半径作圆.

若平面上的点 P 是 (1) 中两直线的交点, 或是 (2) 中两圆的交点, 或是 (1) 中直线和 (2) 中圆的交点, 则称点 P 可以直接由 S 构作出. 若对点 P, 存在有限个点 P_1, $\cdots$, $P_m = P$, 使 P_1 可直接从 S 构作出, 且每个 P_{i+1} 可直接从点集 $S \cup \{P_1, \cdots, P_i\}$ 构作出, $1 \leqslant i < m$, 则称点 P 可以由 S 构作出.

为了将几何问题代数化, 我们在平面上引入直角坐标系. 在平面上任意画一条直线作为 x 轴, 在其上取定一点作为原点 O, 取定另一点为单位点 E. 过原点作垂直于 x 轴的直线 (y 轴). 这样就建立了直角坐标系, 从而给平面上每个点 P 赋予了坐标 (a, b), 记作 $P(a, b)$. 特别地, 原点为 $O(0, 0)$, 单位点为 $E(1, 0)$. 在直角坐标系下, 原点和单位点总是已知的, 因此, 当点 P 可由点集 $\{O, E\}$ 构作时, 我们简称点 P 是可构作的.

若坐标轴上的点 $(a, 0)$ [或 $(0, a)$] 可从点集 S 构作, 则称实数 a 可由点集 S 构作. 注意到, 在平面上, 用尺规可以经过一点作一条直线的平行线和垂线. 若点 $P(a, b)$ 可由点集 S 构作, 则 P 到 x 轴和 y 轴的垂足点 $(a, 0)$ 和 $(0, b)$ 也可由

点集 S 构作（图 4.1）. 因此，实数 a 和 b 可由点集 S 构作. 反之，若实数 a 和 b 可由点集 S 构作，容易看出，点 $P(a, b)$ 也可由点集 S 构作. 因此，一个点可由点集 S 构作当且仅当它的坐标可由 S 构作. 也就是说，由平面上的一个点集构作一个新的点的问题等价于由一个实数集构作一个新的实数的问题. 类似于点的情形，若一个数 a 能由数集 $\{0, 1\}$ 构作，我们简称 a 是可构作的.

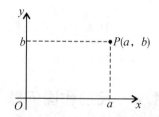

图 4.1 点的构作与它的坐标的构作

下面我们讨论，由给定的实数集可以构作出什么样的新的实数.

引理 4.4.1 设 $a, b \in \mathbf{R}$ 且 $b \neq 0$，则实数 $a+b$，$a-b$，ab，$\dfrac{a}{b}$ 都可由 $\{a, b\}$ 构作.

证明： 由于用圆规可以从任意实数 a 构作出它的相反数 $-a$（图 4.2），而 $a=0$ 的情形是显然的，我们可以假设 $a>0$，$b>0$. 由图 4.2 可知，用圆规即可由 $\{a, b\}$ 构作 $a+b$ 和 $a-b$.

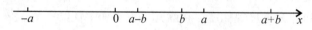

图 4.2 实数加法和减法的构作

现在我们用 $\{a, b\}$ 构作乘积 ab. 首先，作直角边分别为 1 和 b 的直角三角形，并以直角边为坐标轴建立坐标系 [图 4.3(a)]. 在 x 轴上截取长度 a 并通过此点作斜边的平行线，得到一个与原三角形相似的直角三角形. 所得直角三角形在 y 轴上的边的长度即为 ab.

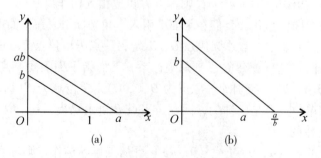

图 4.3 实数乘法和除法的构作

构作 $\dfrac{a}{b}$ 的方法类似，如图 4.3（b）所示.　　　　　　　　　　　　　　□

引理 4.4.1 表明，尺规可以构作加、减、乘、除（除数不为零）. 于是，从数 1 出发，可以构作出任意有理数. 我们有下面的推论.

推论 4.4.1　任意有理数都是可构作的.

引理 4.4.1 和推论 4.4.1 告诉我们，有理数总是可构作的，且任意实数 a 与有理数的加、减、乘、除（除数不为零）所得的数可由集合 $\{a\}$ 构作，即可由实数域的子域 $\mathbf{Q}(a)$ 构作. 更一般地，从给定一个实数集 $S \subseteq \mathbf{R}$ 出发构作一个新实数的问题等价于从实数域的子域 $\mathbf{Q}(S)$（即将这组实数添加到有理数域所作成的扩域）出发构作一个新实数的问题.

下面的引理表明，用尺规还可以由给定的正数构作出它的算术平方根.

引理 4.4.2　设 F 是 $\mathbf{R}$ 的一个子域，$b \in F$ 且 $b > 0$，则 $\sqrt{b}$ 可由 F 构作.

证明： 由引理 4.4.1 知，$\dfrac{1+b}{2}$ 及 $\dfrac{1-b}{2}$ 可由 F 构作. 以原点为圆心，$\dfrac{1+b}{2}$ 为半径可作半圆

$$x^2 + y^2 = \left(\frac{1+b}{2}\right)^2, \qquad y > 0.$$

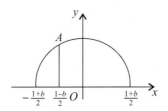

图 4.4　算术平方根的构作

如图 4.4 所示，过点 $\left(\dfrac{1-b}{2}, 0\right)$ 作垂直于 x 轴的直线，交半圆于点 A. 容易计算，点 A 的纵坐标即为 $\sqrt{b}$，因此 $\sqrt{b}$ 可由 F 构作.　　　　　　□

由引理 4.4.1 和引理 4.4.2 知，尺规可构作加、减、乘、除（除数不为零）和开平方. 下面我们将证明，尺规也只能构作这些运算得到的数. 为此，先证明一个引理.

引理 4.4.3　设 F 和 F_1 是 $\mathbf{R}$ 的子域，且 $[F_1 : F] = 2$，则 F_1 中的数都可由 F 构作.

证明： 任取 $t \in F_1$. 若 $t \in F$，则显然 t 可由 F 构作. 现假设 $t \in F_1 \backslash F$，则 $[F_1 : F] > 1$. 由维数公式，得

$$2 = [F_1 : F] = [F_1 : F(t)][F(t) : F],$$

所以 $[F(t) : F] = 2$. 因此，由定理 4.3.2 知，存在 F 上的不可约多项式 $f(x) = x^2 + bx + c$，使 $f(t) = 0$. 故

$$t = \frac{-b \pm \sqrt{b^2 - 4c}}{2}.$$

由于 t 为实数，必有 $b^2 - 4c > 0$. 由引理 4.4.1 和引理 4.4.2 知，t 可由 F 构作. 故 F_1 中的元都可由 F 构作. □

若实数域 $\mathbf{R}$ 的子域链 $F_0 \subseteq F_1 \subseteq F_2 \subseteq \cdots \subseteq F_n$ 满足 $[F_i : F_{i-1}] = 2$，$1 \leqslant i \leqslant n$，则称这个子域链为 $\mathbf{R}$ 上的一个平方根塔（square root tower）.

定理 4.4.1 设 F 为 $\mathbf{R}$ 的一个子域，$a \in \mathbf{R}$，则 a 可由 F 构作的充分必要条件为：存在 $\mathbf{R}$ 上的平方根塔 $F = F_0 \subseteq F_1 \subseteq \cdots \subseteq F_n$，使 $a \in F_n$.

证明： 充分性. 设存在上述平方根塔. $[F_i : F_{i-1}] = 2$，$1 \leqslant i \leqslant n$，由引理 4.4.3 知 F_i 中的数都可由 F_{i-1} 构作. 因此，$a \in F_n$ 可由 F 构作.

必要性. 设 $a \in \mathbf{R}$ 可由 F 构作，即由 F 用尺规经有限步 n（$n \geqslant 1$）可构作出 a. 由 $F_0 = F$ 构作出一个数 a_1 后，把它添加到 F_0 上生成一个扩域 $F_1 = F_0(a_1)$；再由 F_1 构作出一个数 a_2 并把它添加到 F_1 上生成一个扩域 $F_2 = F_1(a_2)$；如此继续，在第 n 步中，由 F_{n-1} 构作出数 $a_n = a$，添加到 F_{n-1} 得到扩域 $F_n = F_{n-1}(a_n)$. 由此，我们得到实数域的一个子域链（也是 F 的一个扩域链）$F = F_0 \subseteq F_1 \subseteq \cdots \subseteq F_n$，使 $a \in F_n$. 我们下面证明：在上述链中，或者 $F_i = F_{i-1}$ 或者 $[F_i : F_{i-1}] = 2$，$1 \leqslant i \leqslant n$，从而在删除子域链中相同的子域后，得到一个平方根塔.

构作只有三种情形：两条直线相交，直线与圆相交，两个圆相交. 因此，我们只需证明：若由实数域的子域 K 作任意一种构作得到实数 b，则 $K(b) = K$ 或者 $[K(b) : K] = 2$. 分三种情形讨论.

（1）实数 b 由两条直线相交而得，其中，每条直线都经过坐标在 K 中的两点，即 b 是方程组

$$\begin{cases} u_1 x + v_1 y = w_1, \\ u_2 x + v_2 y = w_2, \end{cases} \quad u_i, v_i, w_i \in K, \ i = 1, 2$$

的解的分量. 而线性方程组的解的分量可写成系数的有理分式，故 $b \in K$，从而 $K(b) = K$.

（2）实数 b 由一条直线与一个圆相交而得，其中，直线经过坐标在 K 中的两点，而圆以坐标在 K 中的一点为圆心，以坐标在 K 中的两点的距离为半径，即 b 是方程组

$$\begin{cases} u_1 x + v_1 y = w_1, \\ (x - u_2)^2 + (y - v_2)^2 = w_2, \end{cases} \quad u_i, v_i, w_i \in F, \ i = 1, 2$$

的解的分量. 不妨设 b 为解的 x 分量. 若 $v_1 = 0$，则 $u_1 \neq 0$，从而由第一个方程可得 $b = \frac{w_1}{u_1} \in K$，故 $K(b) = K$. 若 $v_1 \neq 0$，则由第一个方程解出 $y = \frac{w_1 - u_1 x}{v_1}$，代入第二个方程可得

$$(x - u_2)^2 + \left(\frac{w_1 - u_1 x}{v_1} - v_2 \right)^2 = w_2.$$

因此，b 是 K 上的二次多项式

$$f(x) = (x - u_2)^2 + \left(\frac{w_1 - u_1 x}{v_1} - v_2\right)^2 - w_2$$

的根. 当 $f(x)$ 在 K 上可约时, b 为 $f(x)$ 的一个一次因式的根, 必有 $b \in K$, 故 $K(b) = K$; 当 $f(x)$ 在 K 上不可约时, $f(x)$ 与 b 在 K 上的极小多项式仅相差一个常数因子 [即存在 $0 \neq c \in K$, 使 $cf(x)$ 为 b 在 K 上的极小多项式], 故 $[K(b):K] = 2$.

(3) 实数 b 由两个圆相交而得, 其中, 每个圆的圆心坐标都在 K 中, 且半径为坐标在 K 中的两个点的距离, 即 b 是 K 上的方程组

$$\begin{cases} (x - u_1)^2 + (y - v_1)^2 = w_1, \\ (x - u_2)^2 + (y - v_2)^2 = w_2 \end{cases}$$

的解的分量. 将上述两个方程相减得

$$2(u_2 - u_1)x + 2(v_2 - v_1)y = w_1 - w_2 - u_1^2 - v_1^2 + u_2^2 + v_2^2.$$

这是一个直线方程 (当两圆相交时这条直线为两圆公共弦所在的直线, 当两圆相切时这条直线为两圆的公共切线). 故 b 也可由这条直线与两个圆中的任一圆相交而得. 因此, 由 (2) 得, $K(b) = K$ 或 $[K(b):K] = 2$. □

由定理 4.4.1 可立即得到下面的推论, 它在讨论古希腊尺规作图三大难题时起到重要作用.

推论 4.4.2 设 F 为 $\mathbf{R}$ 的一个子域, $a \in \mathbf{R}$ 可由 F 构作, 则存在整数 $r \geq 0$, 使 $[F(a):F] = 2^r$.

证明: 因为 a 可由 F 构作, 由定理 4.4.1 知, 存在平方根塔 $F = F_0 \subseteq F_1 \subseteq \cdots \subseteq F_n$, 使 $a \in F_n$. 因此, 由维数公式得 $[F_n:F] = [F_n:F_{n-1}][F_{n-1}:F_{n-2}]\cdots[F_1:F] = 2^n$. 而 $[F_n:F] = [F_n:F(a)][F(a):F]$, 故 $[F(a):F] = 2^r$, $0 \leq r \leq n$. □

现在回答本节开始时提出的古希腊尺规作图三大难题. 由推论 4.4.1 知, 在给定坐标系后, 我们可以构作出任意有理数. 于是, 尺规作图的问题可归结为: 给定有限多个实数 $a_1, \cdots, a_n$, 能否由有理数域的扩域 $\mathbf{Q}(a_1, \cdots, a_n)$ 构作出某个数.

首先讨论三等分角问题.

定理 4.4.2 给定角 θ (弧度), 设 $a = \cos\theta$, 则 θ 可用尺规三等分的充要条件是多项式 $f(x) = x^3 - 3x - 2a \in \mathbf{Q}(a)[x]$ 在 $\mathbf{Q}(a)$ 上可约.

证明: 不妨设 θ 为一个锐角, 并设 $\theta = 3\phi$, $b = 2\cos\phi$. 以 θ 的顶点为圆心, 并以它的一边为 x 轴建立直角坐标系, 如图 4.5 所示. 以原点为圆心, 作半径为 1 的圆弧, 则圆弧与角 ϕ 和 θ 的边的交点的横坐标分别为 $\cos\phi = \dfrac{b}{2}$ 和 $\cos\theta = a$. 由图 4.5 可得, θ 已知即 a 已知, 而 ϕ 为待求量即 b 为待求量. 于是, "三等分角 θ" 转化为 "由 $\mathbf{Q}(a)$ 构作 b".

由三倍角公式 $\cos 3\phi = 4\cos^3\phi - 3\cos\phi$ 得

$$a = 4\left(\frac{b}{2}\right)^3 - \frac{3b}{2},$$

即 b 是多项式 $f(x) = x^3 - 3x - 2a \in \mathbf{Q}(a)[x]$ 的一个根. 若 $f(x)$ 在 $\mathbf{Q}(a)$ 上不可

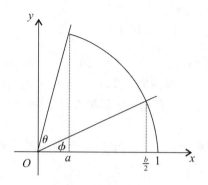

图 4.5　三等分角

约，则 $f(x)$ 就是 b 的极小多项式，从而 $[\mathbf{Q}(a)(b)：\mathbf{Q}(a)] = 3$. 因此，由推论 4.4.2 得，$b$ 不能由 $\mathbf{Q}(a)$ 构作. 若 $f(x)$ 在 $\mathbf{Q}(a)$ 上可约，则 $f(x) = g(x)h(x)$，其中 $g(x)$ 和 $h(x)$ 为 $\mathbf{Q}(a)$ 上的次数分别为 1 和 2 的多项式. 由 b 是 $f(x)$ 的根可得，b 是 $g(x)$ 的根或 $h(x)$ 的根. 若前者成立，则 $b \in \mathbf{Q}(a)$，显然 b 可由 $\mathbf{Q}(a)$ 构作. 若后者成立，则 $[\mathbf{Q}(a)(b)：\mathbf{Q}(a)] = 2$，于是由引理 4.4.3 知，$b$ 可由 $\mathbf{Q}(a)$ 构作. 定理获证. □

例 4.4.1　角 $\dfrac{\pi}{3}$ 不可用尺规三等分，这是因为：$a = \cos\dfrac{\pi}{3} = \dfrac{1}{2}$，而 $f(x) = x^3 - 3x - 2a = x^3 - 3x - 1$ 在 $\mathbf{Q}\left(\dfrac{1}{2}\right) = \mathbf{Q}$ 上不可约.

例 4.4.2　角 $\dfrac{\pi}{2}$ 可用尺规三等分，这是因为 $a = \cos\dfrac{\pi}{2} = 0$，而 $f(x) = x^3 - 3x - 2a = x^3 - 2x$ 在 $\mathbf{Q}$ 上可约.

下面定理表明，无法用尺规作出体积为单位立方体 2 倍的立方体，因此立方倍积问题是尺规不可解的.

定理 4.4.3　不能用尺规作一个体积为 2 的立方体.

证明： 设体积为 2 的立方体的边长为 a，则 $a = \sqrt[3]{2}$. 于是，构作体积为 2 的立方体的问题转化为由 $\mathbf{Q}$ 构作出 $a = \sqrt[3]{2}$ 的问题. 由于 a 是多项式 $x^3 - 2$ 的根，而 $x^3 - 2$ 在 $\mathbf{Q}$ 上不可约，故 $x^3 - 2$ 是 a 在 $\mathbf{Q}$ 上的极小多项式. 因此，$[\mathbf{Q}(a)：\mathbf{Q}] = 3$. 由推论 4.4.2 得，$a$ 不能由 $\mathbf{Q}$ 构作. □

最后，我们证明，化圆为方也是尺规不可解的. 证明中我们将用到 π 为 $\mathbf{Q}$ 上的超越元这一结论.

定理 4.4.4　不能用尺规构作一个正方形，使它的面积等于单位圆的面积.

证明： 若正方形面积为单位圆的面积，即 π，则正方形的边长为 $\sqrt{\pi}$，从而构作面积为 π 的正方形的问题转化为由 $\mathbf{Q}$ 构作 $\sqrt{\pi}$ 的问题. 假设 $\sqrt{\pi}$ 可由 $\mathbf{Q}$ 构作，则由推论 4.4.2 得，$[\mathbf{Q}(\sqrt{\pi})：\mathbf{Q}] < \infty$. 而 $\pi \in \mathbf{Q}(\sqrt{\pi})$，因此，$[\mathbf{Q}(\pi)：\mathbf{Q}] \leqslant [\mathbf{Q}(\sqrt{\pi})：\mathbf{Q}] < \infty$. 从而由命题 4.3.1 得，$\pi$ 为 $\mathbf{Q}$ 上的代数元，矛盾. □

附录 I　范畴和函子

范畴广泛地存在于数学及相关领域学科中，例如计算机科学等．集合、向量空间、半群、群、环、域、拓扑空间、巴纳赫空间、偏序集、偏序半群，等，都会产生范畴．在范畴论中，我们面对的是极为庞大的收集（collection），例如"所有的集合"，"所有的向量空间"，"所有的半群"，"所有的偏序集"，等等，而这些实体不再构成集合．例如，如果 S 是所有集合做成的集合，那么 S 的子集合 $X = \{x \mid x \in S$ 且 $x \notin x\}$ 将具有性质：$X \in X$ 当且仅当 $X \notin X$（罗素悖论）．在范畴论中，处理上述提到的"收集"是最基本和至关重要的，"类"的思想也由此诞生．

类（class）的概念是用来处理"集合的收集"的．我们要求：

（1）类的成员是集合；

（2）对每一个"性质"P，我们可以形成具有性质 P 的所有集合的类．

在具体给出范畴定义之前，我们观察上述提到的一些例子：

（1）所有集合，与集合之间映射的类，

（2）所有向量空间，与向量空间之间线性映射的类，

（3）所有群，和群同态的类，

（4）所有偏序集，和偏序集之间保序映射的类，

（5）所有拓扑空间，和拓扑空间之间连续映射的类．

定义 1　一个范畴（category）是一个四元组 $C = (\mathcal{O}, \hom, id, \circ)$，包含

（1）一个类 $\mathcal{O}$，它的成员称为 C-对象（C-object），

（2）每一对 C-对象 (A, B)，都对应一个集合 $\hom(A, B)$，它的成员称为由 A 到 B 的 C-态射（C-morphism），

（3）对每一个 C-对象 A，都有一个 C-恒等态射（C-identity）$id_A: A \to A$，

（4）对每一个 C-态射 $f: A \to B$ 和 C-态射 $g: B \to C$，都有一个 f 与 g 的合成（composite）态射 $g \circ f: A \to C$，

满足以下条件：

（a）态射的复合是结合的，即，对于 $f \in \hom(A, B)$，$g \in \hom(B, C)$，$h \in \hom(C, D)$，有

$$h \circ (g \circ f) = (h \circ g) \circ f.$$

（b）对任意 C-态射 $f \in \hom(A, B)$，都有

$$id_B \circ f = f = f \circ id_A.$$

（c）态射集 $\hom(A, B)$ 是两两不交的．

例 1

（1）集合范畴 **Set**，对象类为所有集合，$\hom(A, B)$ 为所有从 A 到 B 的映射组成的集合，id_A 是 A 上的恒等映射，$\circ$ 是映射的合成．

（2）如下这些结构（constructs），即范畴由带结构的集合及它们之间保持结构的映射组成，其中 。为映射的合成，id_A 是 A 上的恒等映射.

（a）**Vec**：对象为所有实数域上的向量空间，态射为它们之间的线性映射.

（b）**Sgr**：对象为所有半群，态射为它们之间的半群同态.

（c）**Grp**：对象为所有群，态射为它们之间的群同态.

（d）**Top**：对象为所有拓扑空间，态射为它们之间的连续映射.

（e）**Pos**：对象为所有偏序集，态射为它们之间的保序映射.

（f）**Lat**：对象为所有格，态射为它们之间的格同态.

（g）**Alg(Ω)**：对象为所有 Ω–代数，态射为它们之间的 Ω–同态.

（3）如下这些范畴并不是由带结构的集合及保持结构的映射组成的.

（a）**Mat**：对象为所有自然数，$\hom(m,n)$ 是所有实数域上的 $m\times n$ 阶矩阵的集合，$id_n: n\to n$ 是 $n\times n$ 的单位矩阵，矩阵的合成定义为 $A\circ B = BA$，这里 BA 是通常的矩阵乘积.

（b）幺半群范畴：每个幺半群 $(M,\cdot,e)$ 都会产生一个只有一个对象的范畴 $C(M,\cdot,e) = (\mathcal{O},\hom,id,\circ)$，即

$$\mathcal{O} = \{M\}, \quad \hom(M,M) = M, \quad id_M = e, \quad a\circ b = a\cdot b.$$

（c）前序类范畴：每个前序类 $(X,\leqslant)$，其中 X 是一个类，$\leqslant$ 是 X 上满足自反性和传递性的关系，称这个关系为一个前序（preorder），都会产生一个范畴 $C(X,\leqslant) = (\mathcal{O},\hom,id,\circ)$，对象为 X 的成员，态射为

$$\hom(x,y) = \begin{cases} \{(x,y)\} & \text{当 } x\leqslant y, \\ \varnothing & \text{否则}, \end{cases}$$

$id_x = (x,x)$，及 $(y,z)\circ(x,y) = (x,z)$.

我们知道，集合之间的连接纽带是映射，向量空间之间的连接纽带是线性映射，Ω–代数之间的连接纽带是 Ω–同态. 从更广阔的角度，如果我们将范畴本身看作带结构的对象，那么，范畴之间保持结构的"同态"就是函子.

定义2 设 $\mathscr{A}$，$\mathscr{B}$ 是两个范畴，从 $\mathscr{A}$ 到 $\mathscr{B}$ 的函子（functor）F 是一个映射，将每个 $\mathscr{A}$-对象 A 映为 $\mathscr{B}$-对象 $F(A)$，每个 $\mathscr{A}$-态射 $A\xrightarrow{f}B$ 映为 $\mathscr{B}$-态射 $F(A)\xrightarrow{F(f)}F(B)$，满足

（1）F 保持合成，即如果 $g\circ f$ 有定义，那么 $F(g\circ f) = F(g)\circ F(f)$，

（2）F 保持恒等态射，即对任意的 $\mathscr{A}$-对象 A，都有 $F(id_A) = id_{F(A)}$.

例2

（1）对于每个范畴 $\mathscr{A}$，都有一个恒等函子（identity functor）$id_{\mathscr{A}}:\mathscr{A}\to\mathscr{A}$，定义为：对任意 $\mathscr{A}$-对象 A，B，$id_{\mathscr{A}}(A) = A$，且

$$id_{\mathscr{A}}(A\xrightarrow{f}B) = A\xrightarrow{f}B.$$

（2）对于每一个例1（2）中提到的结构 $\mathscr{A}$，都存在一个遗忘函子（forgetful functor）$U:\mathscr{A}\to\mathbf{Set}$，$U(A)$ 是对象 A 的基础集合，$U(f)$ 是态射 f 的基础映射.

（3）对于每个范畴 $\mathscr{A}$，及任意 $\mathscr{A}$-对象 A，都有一个共变函子（covariant functor）

$\hom(A,-):\mathcal{A}\to\mathbf{Set}$，定义为：对任意 $\mathcal{A}$ - 对象 B，$\hom(A,-)(B) = \hom(A,B)$，且

$$\hom(A,-)(B \xrightarrow{\ f\ } C) = \hom(A,B) \xrightarrow{\ \hom(A,f)\ } \hom(A,C),$$

其中 $\hom(A,f)(g) = f \circ g$。

（4）如果 $\mathcal{A}$，$\mathcal{B}$ 是例1（3）（b）中提到的幺半群范畴，那么从 $\mathcal{A}$ 到 $\mathcal{B}$ 的函子就是从 $\mathcal{A}$ 到 $\mathcal{B}$ 的幺半群同态。

（5）如果 $\mathcal{A}$，$\mathcal{B}$ 是例1（3）（c）中提到的前序类范畴，那么从 $\mathcal{A}$ 到 $\mathcal{B}$ 的函子就是从 $\mathcal{A}$ 到 $\mathcal{B}$ 的保序映射。

（6）设 $M = (M,\cdot,e)$ 是一个幺半群。那么从 M（看作只有一个对象的范畴）到 **Set** 的函子就是 M-作用（M-action）$(X,*)$，其中 X 是一个集合，$*:M\times X\to X$ 是一个映射，满足 $e*x = x$，$\forall x\in X$，及

$$(s\cdot t)*x = s*(t*x),\ \forall s,t\in M.$$

与 M - 作用对应的函子 $F:M\to\mathbf{Set}$ 定义为：

$$F(M\xrightarrow{\ m\ }M) = X\xrightarrow{\ F(m)\ }X$$

这里 $F(m)(x) = m*x$。

附录 II   Quantales

"Quantale"的概念由 C. J. Mulvey 在为非交换的 C*-代数的谱以及量子力学的模型构建提供格论背景，即交换的 locales 时引入的，这使得 quantale 理论与量子力学、非交换的 C*-代数紧密联系起来. 而作为理论计算机科学逻辑支撑系统的线性逻辑与 quantale 理论之间也存在着密切联系，简单的说，quantale 加上可表示的对偶就是线性逻辑. 由于 quantale 自身带有丰富的序结构、代数结构和拓扑结构，对 quantale 理论的研究更是丰富了环的理想理论（包括非交换的情形）、格理论、范畴学理论，及拓扑学理论.

定义 1   称一个结构 $(Q, \cdot, \vee)$ 是一个 quantale，如果 $(Q, \vee)$ 是一个完全格，$(Q, \cdot)$ 是一个半群，并且乘法对任意上确界是分配的，即对任意的 $a \in Q, M \subseteq Q$，都有

$$a \cdot \left(\bigvee_{m \in M} m \right) = \bigvee_{m \in M} (a \cdot m),$$

及

$$\left(\bigvee_{m \in M} m \right) \cdot a = \bigvee_{m \in M} (m \cdot a).$$

如果 Q 是一个交换半群，则称 Q 为交换 quantale（commutative quantale）；如果 Q 是一个幺半群，则称 Q 是一个单位 quantale（unital quantale）.

例 1

（1）设 $(C, \wedge, \vee)$ 是一个完全格. 若对任意的 $a \in C$, $M \subseteq C$，都有

$$a \wedge \left(\bigvee_{m \in M} m \right) = \bigvee_{m \in M} (a \wedge m)$$

则 C 是一个 quantale. 事实上，这样的完全格 C 是一个 frame.

（2）设 S 是一个半群，$P(S)$ 是 S 的幂集. 在 $P(S)$ 上定义：对任意的 $A, B \subseteq S$,
$$A \cdot B = \{ab \mid a \in A, b \in B\},$$
则 $(P(S), \cdot, \subseteq)$ 做成一个 quantale，这里 $\bigvee_{i \in I} B_i = \bigcup_{i \in I} B_i, \forall B_i \subseteq S$，并且满足对任意的 $A, B_i \subseteq S, i \in I$，都有

$$A \cdot \left(\bigcup_{i \in I} B_i \right) = \bigcup_{i \in I} (A \cdot B_i),$$

以及

$$\left(\bigcup_{i \in I} B_i \right) \cdot A = \bigcup_{i \in I} (B_i \cdot A).$$

（3）设 R 是一个环，$Id(R)$ 是 R 的理想集. 在 $Id(R)$ 上定义：对任意的 $A, B \subseteq R$,

$$A \cdot B = \left\{ \sum_{i=1}^{n} a_i b_i \; \middle| \; a_i \in A, b_i \in B, n \in \mathbf{N} \right\}.$$

则 $(Id(R), \cdot, \subseteq)$ 做成一个 quantale，其中，$\bigvee_{i \in I} B_i = \sum_{i \in I} B_i, \forall B_i \subseteq R$，并且满足对任意的 $A, B_i \subseteq R, i \in I$，都有

$$A \cdot \left(\sum_{i \in I} B_i \right) = \sum_{i \in I} (A \cdot B_i),$$

以及

$$\left(\sum_{i \in I} B_i \right) \cdot A = \sum_{i \in I} (B_i \cdot A).$$

定义 2 设 P, Q 是两个 quantales.

（1）称映射 $f: P \to Q$ 是一个 quantale 同态（quantale homomorphism），如果 f 保持乘法运算，并且保持任意上确界，即对任意的 $a, b \in P$，及 $M \subseteq P$，都有

$$f(ab) = f(a)f(b),$$

且

$$f\left(\bigvee_{m \in M} m \right) = \bigvee_{m \in M} f(m).$$

（2）若 P, Q 是单位 quantales. 称 quantale 同态 $f: P \to Q$ 是单位的，如果

$$f(1_P) = 1_Q,$$

其中，1_P，1_Q 分别是 P, Q 中的单位元.

注 1 所有的 quantale，及 quantale 同态做成一个范畴 **Quant**；所有的单位 quantale，及单位 quantale 同态做成一个范畴 **UnQuant**.

定义 3 设 P 是一个偏序集. 称 P 上的映射 $j: P \to P$ 是一个闭包算子（closure operator），若对任意的 $a, b \in P$，

（1）$a \leqslant j(a)$（递增的）；

（2）若 $a \leqslant b$，则有 $j(a) \leqslant j(b)$（保序的）；

（3）$j(j(a)) = j(a)$（幂等的）.

注 2 设 P 是一个偏序集，$j: P \to P$ 是一个闭包算子. 令

$$P_j = \{x \in P \mid x = j(x)\}.$$

对任意的 $a_i \in P_j, i \in I$，由

$$j\left(\bigwedge_{i \in I} a_i \right) \leqslant \bigwedge_{i \in I} j(a_i) = \bigwedge_{i \in I} a_i \leqslant j\left(\bigwedge_{i \in I} a_i \right)$$

可得 $j(\bigwedge_{i \in I} a_i) = \bigwedge_{i \in I} a_i$，即 P_j 关于任意下确界是闭的. 这表明 P_j 中任意子集都存在下确界，从而 P_j 是一个完全格，而且

$$\bigvee_{i \in I} a_i = \bigvee_{i \in I} j(a_i) = j\left(\bigvee_{i \in I} a_i \right).$$

定义 4 设 Q 是一个 quantale，j 是 Q 上的一个闭包算子. 如果对任意的 $a, b \in Q$，都有

$$j(a)j(b) \leqslant j(ab),$$

则称 j 是 Q 上的一个核（nucleus）.

命题 1 设 $(Q, \cdot, \leqslant)$ 是一个 quantale，j 是 Q 上的核. 则 $\forall a, b \in Q_j$，有

$$j(a \cdot b) = j(a \cdot j(b)) = j(j(a) \cdot b) = j(j(a) \cdot j(b)).$$

定理 1 设 $(Q, \cdot, \leqslant)$ 是一个 quantale，j 是 Q 上的核。则 $(Q_j, \cdot_j, \subseteq)$ 是一个 quantale，其中

$$a \cdot_j b = j(a \cdot b), \forall a, b \in Q_j,$$

并且 $j: Q \to Q_j, a \mapsto j(a)$ 是一个 quantale 满同态。

证明. 显然，$\cdot_j$ 是 Q_j 上的二元运算。设 $a, b, c \in Q_j$，由命题 1 可得，

$$(a \cdot_j b) \cdot_j c = j(a \cdot b) \cdot_j c = j(j(a \cdot b) \cdot c) = j(a \cdot j(b \cdot c)) = a \cdot_j (b \cdot_j c),$$

这表明 $\cdot_j$ 是满足结合律的，从而 $(Q_j, \cdot_j)$ 是一个半群。由注 2 知，Q_j 是一个完全格。下面证明 Q_j 满足乘法对任意上确界的分配性。设 $a, b_i \in Q_j, i \in I$，则

$$a \cdot_j \left(\bigvee_{i \in I} b_i \right) = j\left(a \cdot \left(\bigvee_{i \in I} b_i \right) \right) = j\left(\bigvee_{i \in I} (a \cdot b_i) \right)$$

$$\leqslant j\left(\bigvee_{i \in I} j(a \cdot b_i) \right) = j\left(\bigvee_{i \in I} (a \cdot_j b_i) \right) = \bigvee_{i \in I} (a \cdot_j b_i).$$

而 $\bigvee_{i \in I} (a \cdot_j b_i) \leqslant a \cdot_j (\bigvee_{i \in I} b_i)$ 是显然的，因此有 $\bigvee_{i \in I} (a \cdot_j b_i) = a \cdot_j (\bigvee_{i \in I} b_i)$。类似的，可以证明，$\bigvee_{i \in I} (b_i \cdot_j a) = (\bigvee_{i \in I} b_i) \cdot_j a$。由此得，$(Q_j, \cdot_j, \subseteq)$ 是一个 quantale.

显然 j 是一个满射。对任意的 $a, b, a_i \in Q, i \in I$，由命题 1 得

$$j(a \cdot b) = j(j(a) \cdot j(b)) = j(a) \cdot_j j(b).$$

再由

$$j\left(\bigvee_{i \in I} a_i \right) \leqslant j\left(\bigvee_{i \in I} j(a_i) \right) = \bigvee_{i \in I}^{Q_j} j(a_i),$$

及 $j(a_i) \leqslant j(\bigvee_{i \in I} a_i), \forall i \in I$ 知 $\bigvee_{i \in I}^{Q_j} j(a_i) \leqslant j(\bigvee_{i \in I} a_i)$，从而 $j(\bigvee_{i \in I} a_i) = \bigvee_{i \in I} j(a_i)$。因此，$j$ 是一个 quantale 满同态。

附录 III　群的生成元和关系

群论研究可以分为两个方面，一方面是研究给定群（如：对称群，矩阵群等）的结构和性质，另一方面是研究群的构造，即根据需要构造满足某种性质的群. 本附录中，我们简单介绍用生成元和关系构造群的方法.

首先我们引入自由幺半群和自由群的概念. 给定任意一个非空集合 $S = \{a, b, c, \cdots\}$. 称 S 为字母表（alphabet），而称 S 中的元为字母（letter）. 从 S 中取出有限多个字母（允许重复），把它们按某个次序排列起来，便是字母表 S 上的一个字（word）. 一个字的长度规定为字母出现的次数（重复出现的计重复数）. 例如：aab，$baca$ 分别是长度为 3 和 4 的字. 字 w 的一个相连的部分称为 w 的一个子字，例如 ac 是 $baca$ 的一个子字. 记长度为零的空字为 1. 用 S^* 表示字母表 S 上的全体字（包括空字）的集合. 在 S^* 上定义一个二元运算：

$$\cdot : S^* \times S^* \to S^*, (w_1, w_2) \mapsto w_1 \cdot w_2 = w_1 w_2.$$

例如：$(aab) \cdot (ba) = aabba$. 我们有下面的命题，其证明留给读者.

命题 1　设 S 是一个非空集合. 则 $(S^*, \cdot)$ 是一个幺半群，空字为 S^* 的幺元.

幺半群 $(S^*, \cdot)$ 称为由 S 生成的自由幺半群，简记为 S^*. 注意，S^* 不是一个群，因为其中的元素缺少逆元. 现在我们加入逆元使它成为一个群.

令 $S' = \{a', b', c', \cdots\}$（设想 a' 是将要构造的群的元 a 的逆元），$X = S \cup S'$. 下文中的字，如无特别说明，都是指字母表 X 上的字.

如果一个字中出现形如 xx' 或 $x'x$ 的子字，我们将这样的子字删掉（这一过程称为消去（cancellation）），从而得到一个长度更短的字. 若一个字不能做上述的消去，则称它为一个既约字（reduced word）. 从一个字 w 出发，总可以经过有限次消去，得到一个既约的字 w_0（w_0 可能为空字），称 w_0 为 w 的既约形（reduced form）. 注意，一个字通过消去得到既约字的过程可能是不唯一的，如（箭头表示一次消去）：

$$abb'c'ca \to ac'ca \to aa;$$
$$abb'c'ca \to abb'a \to aa.$$

这个例子中，同一个字经过两种不同的消去方法最终得到了相同的既约字. 更一般地，我们有如下命题（我们略去证明）.

命题 2　设 S 是一个非空集合，$S' = \{a', b', c', \cdots\}$，$X = S \cup S'$. 则自由幺半群 X^* 中任何一个字都有唯一的既约形.

在自由幺半群 X^* 上定义关系 $\sim$：

$$w \sim w' \Leftrightarrow w \text{ 和 } w' \text{ 有相同的既约形.} \tag{III.1}$$

由命题 1.6.1，容易验证：$\sim$ 是 X^* 上的一个等价关系，并且是一个同余. 令 $F = X^* / \sim$，即 X^* 在等价关系 $\sim$ 下的等价类构成的集合. 由定理 1.6.1 知，X^* 上的乘法自然诱导出一个 F 上的乘法。，即 $[a] \circ [b] = [a \cdot b]$. 下面的定理告诉我们，$F$ 在上述乘法下构成一个群（我们略去定理的证明）.

定理 1 $(F,\circ)$ 是一个群.

定义 1 设 S 是一个非空集合. 则群 $F = (S \cup S')^* / \sim$ 称为集合 S 生成的自由群（the free group generated by S），或集合 S 上的自由群.

之所以称 F 为自由群，是因为 F 中元素间除了满足"平凡的关系"（如：$ww' = 1$）外，没有其他关系的约束了. "关系"的准确定义将在下文中给出.

例 1 由一个元 $S = \{a\}$ 生成的自由群就是由 a 生成的无限循环群.

在自由群中，生成元除了满足形如 xx' 和 $x'x$ 的平凡关系外，没有其他限制了. 现在我们可以考虑更一般的情形：生成元满足某些非平凡关系的群.

定义 2 设 G 是一个群，$x_1, x_2, \cdots, x_n \in G$，$r$ 是集合 $\{x_1, x_2, \cdots, x_n\}$ 上的自由群中的一个字. 若 r 在 G 中等于单位元 1，则称 r 是 G 的一个定义关系（defining relation），简称关系（relation）. 有时也将关系 r 写成 $r = 1$.

例 2 对称群 S_3 的 6 个元可用循环置换表示为：
$$1 = (1), \tau_1 = (23), \tau_2 = (13), \tau_3 = (12), \sigma_1 = (123), \sigma_2 = (132).$$
易见 S_3 可由集合 $\{\tau_1, \sigma_1\}$ 生成（习题 2.4 第 1 题）. 计算可得
$$\tau_1^2 = 1, \sigma_1^3 = 1, \tau_1 \sigma_1 \tau_1 \sigma_1 = 1.$$
所以，$\tau_1^2, \sigma_1^3, \tau_1 \sigma_1 \tau_1 \sigma_1$ 都是 S_3 的关系.

设 R 是群 G 的一个子集. 类似命题 2.6.1，可以证明 G 的所有包含 R 的正规子群的交也是 G 的正规子群，称为由 R 生成的正规子群.

定义 3 令 F 为非空集合 S 上的自由群. 设 $\varnothing \neq R \subseteq F$，$N$ 为 F 的由 R 生成的正规子群. 称商群 F/N 为由 S 生成并满足关系 R 的群，记作
$$F/N = \langle S \mid R \rangle.$$

注意，一般而言，上述表达式中的关系集不是唯一的. 比如，$F/N = \langle S \mid R \rangle = \langle S \mid N \rangle$.

例 3 设 $G = \langle a, b \mid a^2, b^3, abab \rangle$. 在群 G 中，由 $a^2 = 1$ 和 $b^3 = 1$ 可得 $a^{-1} = a$，$b^{-1} = b^2$. 因此，由 $abab = 1$ 可得 $ba = a^{-1}b^{-1} = ab^2$. 所以，G 中的任何元素都可以写成左陪集 $a^m b^n N$ 的形式，其中 N 为关系集 $\{a^2, b^3, abab\}$ 生成的正规子群，$m, n \in \mathbf{Z}$. 为简化符号，我们常常将 G 中的元素 $a^m b^n N$ 写成 $a^m b^n$. 因为 $a^2 = 1$，$b^3 = 1$，所以群 G 至多含有 6 个元素：$a^m b^n, m = 0, 1, n = 0, 1, 2$. 事实上，读者可以证明 $S_3 \cong \langle a, b \mid a^2, b^3, abab \rangle$.

下面的定理，我们略去证明.

定理 2 任意群都同构于一个自由群的商群.

设群 G 同构于自由群 F 的一个商群 F/N，其中 F 为集合 S 上的自由群. 则 $G \cong F/N = \langle S \mid N \rangle$. 即，在同构意义下，任意群都可以由生成元和关系来定义. 在某些情况下，用生成元和关系可以方便地构造出满足给定性质的群. 例如，令
$$G = \langle x_1, \cdots, x_m \mid w^3, w \text{ 是集合 } \{x_1, \cdots, x_m, x_1^{-1}, \cdots, x_m^{-1}\} \text{ 上的任意字} \rangle,$$
则 G 中元素的 3 次幂都等于单位元.

如果一个群由生成元和关系给出，则它的每一个元素都是一个陪集（同时也是

一个等价类). 从每个陪集取出一个代表元所构成的集合则是一个完全代表元系（见第 1 章第 5 节). 这个完全代表元系称为群的一个正规形（normal form). 对于一个由生成元和定义关系给出的群，要找出它的一个正规形常常是一件困难的事.

最后，我们简单介绍一下群的字问题. 在例 3 中，容易看到，自由群 $F = \{a, b, a^{-1}, b^{-1}\}^* / \sim$ 中的字 $a^2 b$ 和 b^4 在群 $G = \langle a, b \mid a^2, b^3, abab \rangle$ 中都等于元 b，因此这两个字在群 G 中相等. 一般地，设群 $G = F/N$ 由生成元和关系给出，其中 F 为自由群. 判断自由群 F 中的任意两个字是否在 G 中相等的问题称为群 G 的字问题（word problem for group G). 等价地，群 G 的字问题就是判断 F 中的任意字在 G 中是否等于单位元，也就是判断 F 中的任意字是否在正规子群 N 中. 下面的例子说明，即使在看似简单的群中，字问题也并不容易.

例 4 四面体群是正四面体的旋转对称群，它可由生成元和关系来定义：
$$T = \langle x, y, z \mid x^3, y^3, z^2, xyz \rangle.$$
读者可以试着找出 T 的一个正规形（提示：T 共含有 12 个元). 下面我们考察字 $w = yxyx$ 在 T 中是否等于单位元，即考察 w 是否属于关系集 $\{x^3, y^3, z^2, xyz\}$ 生成的正规子群 N 中. 令 $w_1 = y^{-1}wy = yxyx$. 因为 N 是正规子群，所以 w 属于 N 当且仅当 w_1 属于 N. 类似地，令 $w_2 = (xyz)^{-1}w_1 = z^{-1}xy, w_3 = zw_2z^{-1} = xyz^{-1}, w_4 = z^2(xyz)^{-1}w_3 = 1$. 因为 xyz 和 z^2 都属于 N，所以 w_1 属于 N 当且仅当 w_2 属于 N，当且仅当 w_3 属于 N，当且仅当 w_4 属于 N. 而 $w_4 = 1$ 属于 N，因此 w_1 属于 N，从而 w 属于 N.

任意有限群的字问题都是可解的，即，对任意有限群，存在一个能判断任意两个字是否在该群中相等的算法. 也有字问题不可解的群. 还有一些群，它们的字问题是否可解仍然是公开问题. 目前，群的字问题仍然是组合群论中的一个重要问题.

符 号 说 明

N	自然数集
$\mathbf{N}^*$	非零自然数集
Z	整数集
Q	有理数集
$\mathbf{Q}^*$	非零有理数
$\mathbf{Q}^+$	正有理数
R	实数集
$\mathbf{R}^*$	非零实数
$\mathbf{R}^+$	正实数
C	复数集
$\mathbf{C}^*$	非零复数
$\lvert A \rvert$	A 中所含元素的个数
$\varnothing$	空集
$A \subseteq B$	A 是 B 的子集
$A \subsetneqq B$	A 是 B 的真子集
$A \cup B$	A 与 B 的并
$A \cap B$	A 与 B 的交
$A - B$	A 与 B 的差
A^c	A 的补集
$P(X)$	X 的幂集
$A \times B$	A 与 B 的笛卡尔积
id_A	A 上的恒等映射
$\mathrm{Im}f$	f 的像
$\mathrm{ker}f$	f 的核
f^{-1}	f 的逆映射
$F^{n \times n}$	F 上全体 n 阶方阵的集合
$\det(A)$	A 的行列式
A^{-1}	A 的逆矩阵
$\mathrm{rank}(A)$	A 的秩
$\mathrm{Ker}f$	单位元所在的 $\mathrm{ker}f$ 等价类
$\mathbf{Z}_n$	模 n 的剩余类
$\mathrm{Con}(A)$	A 的同余格
a^{-1}	a 的逆元
$-a$	a 的负元

$GL_n(F)$	F 上的一般线性群
$S(A)$	A 的对称群
$\lvert G \rvert$	G 的阶
$\lvert a \rvert$	a 的阶
I_a	（由 a 决定的）内自同构
$SL_n(F)$	F 上的特殊线性群
U_n	n 次单位根群
$\prod_{i=1}^{n} G_i$	$G_i(1 \leqslant i \leqslant n)$ 的直积
$C(G)$	G 的中心
$\langle S \rangle$	由 S 生成的子群
$\langle a \rangle$	由 a 生成的循环群
$S(G)$	G 的所有子群的集合
$O_n(\mathbf{R})$	$\mathbf{R}$ 上的正交群
$E_n(\mathbf{R})$	欧几里得群
$Z(S)$	S 的中心化子
$T(A)$	A 的变换群
S_n	n 次对称群
A_n	$2n$ 次交错群
D_n	$2n$ 阶二面体群
$[G : H]$	H 在 G 中的指数
$H \lhd G$	H 是 G 的正规子群
$I \lhd R$	I 是 R 的理想
$\mathrm{Nor}(G)$	G 的正规子群格
$\mathbf{Z}[\mathrm{i}]$	高斯整环
$\mathrm{ch}(R)$	R 的特征
$U(R)$	R 的单位集
$N(\alpha)$	α 与 $\overline{\alpha}$ 的乘积
$\deg f(x)$	$f(x)$ 的次数
$\mathrm{End}(M)$	M 上所有自同态的集合
(S)	包含 S 的最小理想
(a)	由 a 生成的主理想
$\mathrm{ann} I$	I 的零化子
$a \mid b$	a 整除 b
$a \sim b$	a 与 b 相伴
$a \nmid b$	a 不整除 b
$(a_1, a_2, \cdots, a_n)$	$a_1, a_2, \cdots, a_n$ 的最大公因子
$F(S)$	F 上由 S 生成的子域
$F[S]$	包含 $S \cup F$ 的最小子环

索　引